Yuanzi Huo
Song Sun

# Investigação sobre os grupos funcionais do zooplâncton no Mar Amarelo

Yuanzi Huo
Song Sun

# Investigação sobre os grupos funcionais do zooplâncton no Mar Amarelo

## Realização de investigação sobre a utilização do grupo funcional do zooplâncton como forma inovadora de modelar as redes alimentares marinhas

**ScienciaScripts**

**Imprint**



Cover image: www.ingimage.com

This book is a translation from the original published under ISBN 978-620-2-30242-5.

Publisher:
Sciencia Scripts
is a trademark of
Dodo Books Indian Ocean Ltd. and OmniScriptum S.R.L publishing group

120 High Road, East Finchley, London, N2 9ED, United Kingdom
Str. Armeneasca 28/1, office 1, Chisinau MD-2012, Republic of Moldova, Europe
Managing Directors: Ieva Konstantinova, Victoria Ursu
info@omniscriptum.com

Printed at: see last page
**ISBN: 978-620-8-54305-1**

# CAPÍTULO 1

## 1. Grupos funcionais do zooplâncton: Uma nova compreensão

O termo "zooplâncton" é um conceito ecológico. O zooplâncton pode ser definido como um grupo biológico heterotrófico cujos membros efectuam uma migração passiva impulsionada pelas correntes devido a uma fraca capacidade de propulsão ou à ausência de qualquer capacidade motora. O zooplâncton marinho compreende uma grande variedade de organismos diferentes, incluindo um número estimado de 36 000 espécies se se incluir o meroplâncton (Lenz, 2000). A classificação do tamanho do zooplâncton abrange seis ordens de grandeza, de 2 µm a >200 cm. As espécies de zooplâncton também podem ser classificadas com base na sua posição sistemática e composição bioquímica.

O zooplâncton desempenha uma posição central nas teias alimentares pelágicas, uma vez que transfere a energia orgânica produzida pelos produtores primários para níveis tróficos superiores, como as unidades populacionais de peixes pelágicos. Mais importante ainda, o meso- (0,2-20 mm) e o macrozooplâncton (2-20 cm) transferem a energia orgânica assimilada pelo nano- (2-20 µm ) e pelo microzooplâncton (20-200µm ) da cadeia alimentar microbiana para a cadeia alimentar clássica (Lenz, 1992). Cushing postulou que a disponibilidade de zooplâncton do tamanho certo, no local e no momento certos, durante o primeiro período de alimentação das larvas de peixe, constitui a famosa hipótese de correspondência/desigualdade (Cushing, 1990). A disponibilidade de zooplâncton é considerada como o fator ambiental mais importante que controla a força da classe anual de um grande número de unidades populacionais de peixes comerciais que se sabe estarem sujeitas a fortes flutuações (Lenz, 2000). Algumas espécies de zooplâncton, como *Rhopilema esculenium* e *Euphausia superba*, podem ser consumidas diretamente pelos seres humanos, o que se designa por pesca do plâncton.

Sendo o principal motor da bomba biológica marinha, o zooplâncton determina em grande medida a quantidade e a composição do fluxo vertical de partículas através do pastoreio rápido e da defecação, o que é especialmente verdade no caso do zooplâncton gelatinoso (Madin, 2006). Alguns crustáceos e tunicados pelágicos fazem a muda, e os seus exoesqueletos de quitina e cápsulas gelatinosas são uma fonte importante de fluxo vertical de partículas (Poulicek et al., 1998). O nanozooplâncton tem taxas de alimentação e metabólicas mais elevadas do que os grupos de maior dimensão e as suas fezes mais pequenas podem ser mineralizadas na zona eufótica, o que promove o ciclo biogeoquímico dos elementos biogénicos. As fezes relativamente maiores, os exoesqueletos e os cadáveres gerados pelo meso e macrozooplâncton podem afundar-se em águas profundas, e este processo não só alimenta a comunidade bentónica como também contribui para a remoção do excesso de $CO_2$ dissolvido na água do mar a partir da atmosfera e para o enterramento de compostos de carbono.

A distribuição, a história de vida, as propriedades da população e a estrutura da teia alimentar do zooplâncton são grandemente afectadas pelas alterações climáticas globais e pelas actividades humanas. Orr et al. apresentaram um modelo de ecossistema marinho que indica que o pH da superfície do mar diminuirá 0,4 até ao final do século devido a perturbações antropogénicas (Orr et al., 2005), e esta acidificação terá impacto no processo de calcificação dos exoesqueletos do zooplâncton, como os foraminíferos, os pterópodes pelágicos e as larvas planctónicas de moluscos bentónicos e equinodermes. Os efeitos do aquecimento global no reino pelágico marinho à escala mundial continuam a ser desconhecidos. Richardson e Schoeman referiram que a abundância de fitoplâncton aumentou na zona frígida do Atlântico nordeste, mas diminuiu na zona temperada do Atlântico nordeste ao longo de 44 anos (Richardson e Schoeman, 2004). As flutuações na abundância de fitoplâncton terão impacto na cadeia alimentar através da predação do zooplâncton, que é um efeito ascendente. É provável que o aquecimento futuro altere a distribuição espacial da produção pelágica primária e secundária, afectando assim os serviços do ecossistema e colocando uma pressão adicional sobre populações de peixes e mamíferos já depauperadas (Richardson e Schoeman, 2004).

O zooplâncton marinho é um grupo muito diversificado que inclui quase todos os modos de nutrição e envolve numerosos processos ecológicos. Assim, é difícil simular a transferência de energia para níveis tróficos superiores em modelos de fluxo de energia marinha e modelos biogeoquímicos baseados em espécies individuais. Os oceanógrafos querem procurar um método fácil, preciso e contínuo para investigar a teia alimentar e os estados e mudanças dinâmicas do ciclo biogeoquímico. Recentemente, Sun et al. propuseram a abordagem de tipo funcional, que é uma média de conjunto de comportamentos tróficos esquemáticos e acções biogeoquímicas, e tem sido aplicada a estudos de teias alimentares marinhas e ciclos biogeoquímicos (Sun et al., 2010). Os hábitos alimentares, o crescimento e a morte do zooplâncton são considerados processos biológicos importantes com impacto nos ciclos biogeoquímicos (Le Quere et al., 2005).

No Modelo Dinâmico do Oceano Verde, Le Quere et al. classificaram o zooplâncton em protozooplâncton (*por exemplo*, ciliados, flagelados heterotróficos), mesozooplâncton (*por exemplo*, copépodes, apendiculares, anfípodes) e macrozooplâncton (*por exemplo*, eufausídeos, salpas, pterópodes) (Le Quere et al., 2005). Num estudo sobre a estrutura da comunidade e a ecologia trófica do zooplâncton na zona de gelo marginal do Mar da Escócia no inverno, Hopkins et al. classificaram o zooplâncton em cinco grupos de alimentação: pequenos copépodes herbívoros; dois grupos omnívoros estreitamente relacionados, constituídos por copépodes, krill e salpas, e dois grupos que contêm copépodes predadores e chaetognatos (Hopkins et al., 1993). No seu estudo sobre o fluxo de carbono na teia alimentar epipelágica do Pacífico Equatorial Ocidental, Ichinokawa e Takahashi separaram a comunidade de plâncton em dez grupos funcionais diferentes, constituídos principalmente por pico-, nano- e microfitoplâncton, bactérias, nanoflagelados heterotróficos, dinoflagelados heterotróficos, ciliados, náuplios, copépodes e chaetognatos (Ichinokawa e Takahashi, 2006).

Nas últimas décadas, registaram-se progressos significativos na investigação do zooplâncton e a sua importância foi reconhecida em vários grandes programas de investigação internacionais, incluindo o Joint Global Ocean Flux Study (JGOFS), o Global Ocean Ecosystem Dynamics (GLOBEC), o Integrated Marine Biogeochemistry and Ecosystem Research (IMBER) e o Census of Marine Life (CoML). Atualmente, a utilização de novas ferramentas tecnológicas pode facilitar a identificação das espécies de zooplâncton e a contagem da sua abundância. O Zooscan, o SIPPER, o OPC, o ZOOVIS (Bi et al., 2015) e outras técnicas de visão computacional aplicadas ao plâncton complementam hoje o que pode ser feito com um binóculo, e o seu automatismo pode fornecer simultaneamente dados de tamanho, de classificação taxonómica e de abundância a velocidades de processamento não previstas no passado (Ruiz et al., 2007). E a aplicação de novos métodos de investigação, como a abordagem do tipo funcional do zooplâncton, juntamente com métodos avançados de análise de amostras, aumentará o nosso conhecimento relativamente escasso das funções do zooplâncton

em cadeias alimentares marinhas específicas; ajudar a prever o impacto das suas flutuações nas reservas de organismos tróficos superiores e clarificar o papel do zooplâncton no ciclo biogeoquímico de elementos-chave nos ecossistemas marinhos.

## Referências

Bi, H.S., Guo, Z.H., Benfield, M.C., et al. Um procedimento de análise de imagem semi-automatizado para sistemas de imagem de plâncton in situ. PLoS ONE 2015; 10(5): e0127121.

Cushing, D.H. Plankton production and year-class strength in fish-populations: an update of the match/mismatch hypothesis. Advances in Mar Biol 1990; 26: 249293.

Hopkins, T.L., Lancraft, T.M., Torres, J.J., Donnelly, J.. Community structure and trophic ecology of zooplankton in the Scotia Sea marginal ice zone in winter (1988). Deep-Sea Res I 1993; 40: 81-105.

Ichinokawa, M., Takahashi, M.M. Size-dependent carbon flow in the epipelagic food web of the Western Equatorial Pacific. Mar Ecol Prog Ser 2006; 313: 13-26.

Le Quere , C., Harrison, S.P., Prentice, I.C., et al. Dinâmica dos ecossistemas baseada em tipos funcionais de plâncton para modelos globais de biogeoquímica. Global Change Biol 2005; 11: 2016-2040.

Lenz, J.. Introdução. In: Harris R, Wiebe P, Lenz J. Skjoldal HR, Huntley M, eds. ICES Zooplankton Methodolgy Manual. Academic Press, 2000:1-32.

Lenz, J.. Microbial loop, microbial food web and classical food chain: their significance in pelagic marine ecosystems. Archiv fur Hydrobiologie, Beiheft, Ergebnisse der Limnologie 1992; 37: 265-278.

Madin, L. Pelagic tunicates pack and ship the carbon. Integr Comp Biol 2006; 46: E88-E88.

Orr, J.C., Fabry, V.J., Aumont, O., et al. Anthropogenic ocean acidification over the twenty-first century and its impact on calcifying organisms. Nature 2005; 437: 681-686.

Poulicek, M., Gaill, F., Goffinet, G. Chitin biodegradation in marine environments (Biodegradação da quitina em ambientes marinhos).

Série de simpósios ACS 1998; 707;163-210.

Richardson, A.J., Schoeman, D.S. Climate impact on plankton ecosystems in the Northeast Atlantic. Science 2004; 305:1609-1612.

Ruiz, J., d'Alcala, M.R., Crise, A., Siokou-Frangou, L. Uma abordagem "end to end" na modelação dos ecossistemas pelágicos mediterrânicos: poderá a abordagem de Nápoles ser uma prova de viabilidade? Globec International Newsletter 2007; 13:39-40.

Sun, S., Huo, Y.Z., Yang, B. Grupos funcionais do zooplâncton na plataforma continental do Mar Amarelo. Deep-Sea Res II 2010; 57: 1006-1016

# CAPÍTULO 2

## 2. Grupos funcionais do zooplâncton no Mar Amarelo

### 2.1 Resumo

O zooplâncton desempenha um papel vital nos ecossistemas marinhos. As variações na composição das espécies de zooplâncton, na biomassa e na produção secundária alteram a estrutura e a função do ecossistema. Como descrever este processo e facilitar a sua modelação no ecossistema do Mar Amarelo é o principal objetivo deste documento. A abordagem dos grupos funcionais do zooplâncton, que é considerada um bom método de ligação entre a estrutura das teias alimentares e o fluxo de energia nos ecossistemas, é utilizada para descrever os principais contribuintes para a produção secundária do ecossistema do Mar Amarelo. O zooplâncton pode ser classificado em seis grupos funcionais: crustáceos gigantes, copépodes grandes, copépodes pequenos, chaetognaths, medusae e salps. Os grupos dos crustáceos gigantes, dos grandes copépodes e dos pequenos copépodes, que constituem os principais recursos alimentares dos peixes, são definidos em função do espetro de tamanhos. Medusae e chaetognaths são os dois grupos carnívoros gelatinosos, que competem com os peixes por alimento. O grupo das salpas, actuando como filtradores passivos, compete com outras espécies que se alimentam de fitoplâncton, mas a sua energia não pode ser transferida eficazmente para níveis tróficos superiores. Do ponto de vista da biomassa, que é a base da teia alimentar, e das actividades de alimentação, foram avaliadas as contribuições de cada grupo funcional para o ecossistema; foram analisadas as variações sazonais, os padrões de distribuição geográfica e a composição de espécies de cada grupo funcional. A biomassa média do zooplâncton foi de 2,1 g de peso seco $m^{-2}$ na primavera, para a qual os crustáceos gigantes, os grandes copépodes e os pequenos copépodes contribuíram com 19, 44 e 26%, respetivamente. As biomassas elevadas dos grandes copépodes e dos pequenos copépodes distribuíram-se nas águas costeiras, enquanto os crustáceos gigantes se localizaram principalmente na zona offshore. No verão, a biomassa média foi de 3,1 g de peso seco $m^{-2}$, sendo a maior parte da contribuição dos crustáceos gigantes (73%), e as biomassas elevadas dos crustáceos gigantes, dos copépodes grandes e dos copépodes pequenos distribuíram-se na parte central do Mar Amarelo. Durante o outono, a biomassa média foi de 1,8 g de peso seco $m^{-2}$, que foi igualmente constituída por crustáceos gigantes, grandes copépodes e pequenos copépodes (36, 33 e 23%, respetivamente), e as elevadas biomassas de crustáceos gigantes e grandes copépodes ocorreram na parte central do Mar Amarelo, enquanto os pequenos copépodes se localizaram principalmente em estações ao largo. Os crustáceos gigantes e os grandes copépodes dominaram a biomassa do zooplâncton (2,9 g de peso seco $m^{-2}$) no inverno, contribuindo com 57 e 27%, respetivamente, e, tal como os pequenos copépodes, localizaram-se principalmente na parte central do Mar Amarelo. O grupo dos chaetognatos localizou-se principalmente na parte norte do mar Amarelo durante todas as estações, mas contribuiu menos para a biomassa do que os outros grupos. Os grupos medusae e salps distribuíram-se de forma irregular, com uma dinâmica esporádica, principalmente ao longo da costa e na parte norte do mar Amarelo. Não mais de 10 espécies pertencentes aos respectivos grupos funcionais dominaram a biomassa zooplanctónica e controlaram a dinâmica da comunidade zooplanctónica. A imagem clara das variações sazonais e espaciais de cada grupo funcional do zooplâncton facilita a compreensão e a modelação do complexo ecossistema do Mar Amarelo.

*Palavras-chave:* Biomassa; Grupos funcionais; Variações sazonais; Distribuição geográfica; Zooplâncton; YellowSea

## 2. 2 Introdução

O zooplâncton desempenha um papel fundamental na transferência da produção primária para os níveis tróficos superiores em todos os ecossistemas pelágicos. No entanto, o conhecimento sobre as redes alimentares que suportam a produção piscícola é limitado (Satapoomin et al., 2004). Uma razão importante para esta fraca compreensão é a complexidade da estrutura da teia alimentar numa dada comunidade de campo. Muitas espécies e relações alimentares que existem em comunidades naturais são demasiado complexas para serem descritas na prática (Polis, 1991), especialmente as comunidades de zooplâncton no ecossistema marinho. Embora o funcionamento do ecossistema seja ditado, em grande medida, pela biodiversidade e pela estrutura da comunidade (Raghukumar e Anil, 2003), é importante determinar quem são os principais contribuintes para a estrutura e o funcionamento do ecossistema. Em estudos anteriores, a atenção centrou-se sobretudo na biodiversidade, nas espécies dominantes e na dinâmica populacional das principais espécies de zooplâncton, mas nos mares marginais temperados, como o Mar Amarelo, é difícil estimar o papel do zooplâncton na dinâmica do ecossistema marinho em função da dinâmica populacional específica de cada espécie, porque a composição das espécies, a biomassa e a produção secundária mudam sazonalmente, pelo que não é prático para a modelação do ecossistema. Além disso, a elevada diversidade de espécies (Ichinokawa e Takahashi, 2006) e habitats (Ruiz et al., 2007) pode tornar inoperante a utilização de espécies-chave para a modelação da estrutura da teia alimentar.

As medusas gigantes e as salpas aumentaram muito no Mar Amarelo nos últimos anos (dados não publicados), mas os efeitos ecológicos destes dois grupos no ecossistema permanecem incertos. Os copépodes e os eufausiídeos são os principais contribuintes para a alimentação dos peixes no Mar Amarelo, mas as diferenças no fluxo de energia através dos copépodes e dos eufausiídeos no ecossistema permanecem desconhecidas. No projeto GLOBEC da China, com a duração de 10 anos, pretendemos compreender o que aconteceu, o que está a acontecer e o que irá acontecer nos ecossistemas marinhos do Mar Amarelo e do Mar da China Oriental. Um dos principais objectivos do China GLOBEC é compreender o papel do zooplâncton nos ecossistemas marinhos, especialmente a relação entre a produtividade dos peixes e a produção secundária. O copépode *Calanus sinicus* é a espécie-chave do Mar Amarelo (Sun et al., 2002; Wang et al., 2003; Pu et al., 2004a,b; Li et al., 2004; Zhang et al., 2005, 2007; Huo et al., 2008), mas também é necessário estimar a importância das outras espécies no Mar Amarelo.

O objetivo desta investigação é considerar o papel do zooplâncton como componente funcional dos ecossistemas. A abordagem dos grupos funcionais, que é basicamente uma média de conjunto de níveis tróficos esquemáticos, tamanho, preferências alimentares ou parâmetros fisiológicos, é um bom método para relacionar a estrutura das teias alimentares com a sua atividade biogeoquímica, envolvendo os fluxos de energia e materiais através dos ecossistemas. Os grupos funcionais do zooplâncton já foram utilizados em alguns modelos biogeoquímicos (Le Quere et al., 2005), para modelar a estrutura das teias alimentares (Hopkins et al., 1989, 1993; Araujo et al., 2006), e para estudos de estrutura trófica e fluxo de energia (Zetina-Rejon et al., 2003). No entanto, estas classificações têm sido consideradas demasiado simplistas, não sendo ainda suficientemente precisas para simular a transferência de energia para níveis tróficos superiores.

O Mar Amarelo é um mar marginal do noroeste do Pacífico, com uma profundidade média de 44 m e uma profundidade máxima de 103 m. É afetado por fortes correntes de maré e descargas de água doce do rio Yangtze. A Corrente de Kuroshio, caracterizada por temperaturas comparativamente elevadas e águas salinas, também influencia a zona sudeste do Mar Amarelo (Son et al., 2005). A Água Fria de Fundo do Mar Amarelo (YSCBW) e a Corrente Quente do Mar Amarelo (YSWC) são duas caraterísticas proeminentes no Mar Amarelo (Su e Weng, 1994; Teague e Jacobs, 2000; Jacobs et al., 2000). Embora tenham sido efectuados muitos estudos sobre a estrutura da comunidade do zooplâncton no Mar Amarelo (Cheng e Cheng, 1962; Cheng, 1965; Chen, 1986), os impactos das condições hidrográficas no zooplâncton (Liu et al, 2003; Wang e Zuo, 2004), diversidade e assembleias de copépodes (Zuo et al., 2006b) e algumas espécies dominantes (Sun et al., 2002; Wang et al., 2003; Pu et al., 2004a,b; Zhang et al., 2005, 2007; Kang et al., 2007; Huo et al., 2008), ainda não existe um modelo de função do ecossistema.

Estas propriedades complicadas da água e a elevada diversidade de espécies (Zhang, 1995; Wang e Zuo, 2004; Zuo et al., 2006a) fazem dos grupos funcionais uma abordagem útil para modelar o fluxo de energia do ecossistema do Mar Amarelo. De acordo com a função e o papel do zooplâncton na teia alimentar, o zooplâncton pode ser separado em seis grupos funcionais no Mar Amarelo. Foram realizados quatro cruzeiros pelo projeto GLOBEC da China, centrados em vários tópicos, tanto no zooplâncton como nos peixes. Aqui, relatamos as variações sazonais e os padrões de distribuição geográfica dos grupos funcionais do zooplâncton no Mar Amarelo, que foram considerados em relação ao principal processo que influencia a produção do Mar Amarelo e que constituem o trabalho pré-requisito para a modelação subsequente do processo-chave da produção alimentar do ecossistema.

## 2.3 Métodos e materiais

A amostragem do zooplâncton foi efectuada em 35, 32, 51 e 48 estações (Fig. 1) durante quatro cruzeiros a bordo do R/V *Beidou*. A profundidade máxima da água foi inferior a 100 m. Em cada estação, a temperatura e a salinidade em função da profundidade foram obtidas através da descida de instrumentos SBE-19 CTD desde a superfície até perto do fundo do mar.

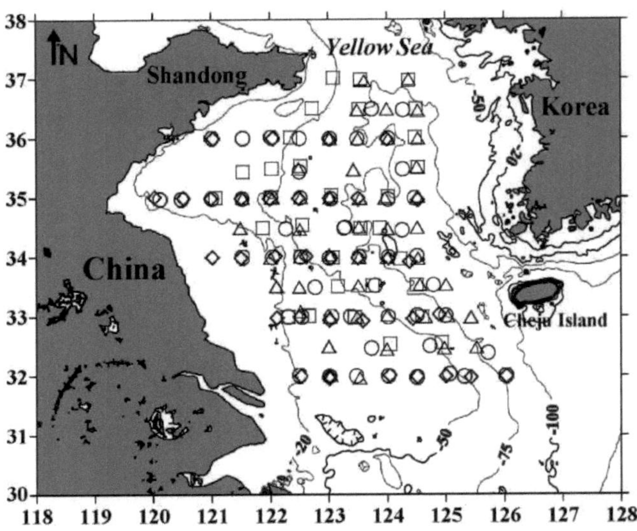


Fig. 1. Mapa da área de estudo com as estações amostradas de 26 de março a 7 de abril de 2001 (primavera, O), de 19 de outubro a 4 de novembro de 2000 (verão, O), de 17 de novembro a 1 de dezembro de 2001 (outono,△ ), e de 28 de dezembro de 2000 a 5 de janeiro de 2001 (inverno,□ ).

O zooplâncton foi amostrado com dois tipos de redes cónicas de plâncton (malha de 500 µm, 0,8 m de diâmetro de boca, e malha de 160 µm, 0,5 m de diâmetro de boca), que foram rebocadas verticalmente a ~1 m $s^{-1}$ desde uma profundidade próxima do fundo do mar até à superfície. Um caudalímetro TSK e um sensor de profundidade foram montados na boca das redes para medir o volume de água filtrada e a profundidade de amostragem. Após a recolha das redes, as amostras de zooplâncton foram imediatamente conservadas numa solução de água do mar de formalina neutralizada a 5%. Devido às limitações de tempo do navio, as estações foram ocupadas a qualquer hora do dia ou da noite durante cada cruzeiro, sem ter em conta a migração diurna do zooplâncton.

No laboratório, foram contados todos os macrozooplâncton, como *Euphausia pacifica* e *Sagitta nagae*. As restantes amostras foram divididas 1/2 a 1/5 e todas as espécies foram enumeradas num microscópio de dissecação. Todas as fases do ciclo de vida das espécies dominantes, isto é, *E. pacifica* e *C. sinicus*, foram igualmente registadas. Foram efectuadas medições do comprimento de várias partes do corpo dos zooplanctontes, de acordo com Uye (1982). Os dados de peso seco de *E. pacifica* em diferentes meses foram obtidos do Dr. Tao (não publicado). O peso seco de *C. sinicus* foi medido a bordo utilizando amostras frescas de cada cruzeiro. O peso seco de outros zooplanctontes foi obtido em termos de relações comprimento-peso ou de referências (Nagasawa e Marumo, 1978; Feigenbaum, 1979; Uye, 1982; Nagasawa, 1984; Uye e Ichino, 1995; Zuo et al., 2003; Rose et al, 2004; Pinchuk e Hopcroft, 2007).

O tamanho dos zooplanctontes é um constrangimento básico para os peixes e uma variável-chave a resolver na interação entre comer e ser comido (Ruiz et al., 2007). A classificação dos grupos funcionais do zooplâncton pode basear-se nas limitações impostas pelo espetro de tamanhos do zooplâncton. Além disso, é necessário ter em conta as preferências alimentares, a funcionalidade trófica, as interações entre si e as relações com os níveis tróficos superiores. Assim, foram propostos seis grupos funcionais de zooplâncton como um equilíbrio entre a simplificação e a complexidade das teias alimentares do mar Amarelo (Fig. 2).

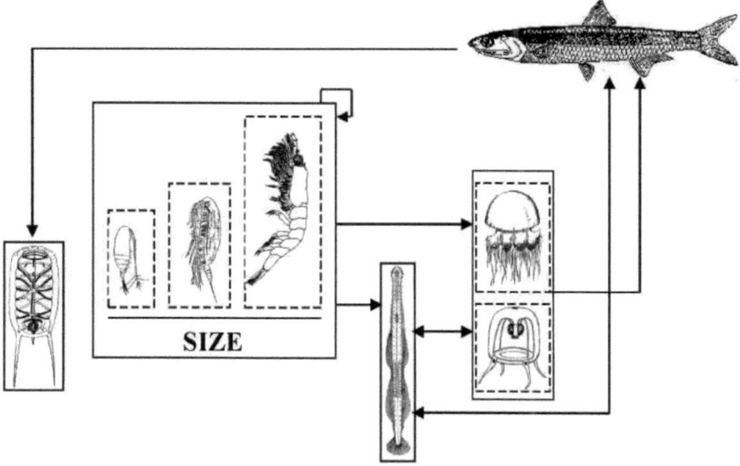


Fig. 2. Esquema das interconexões de cada grupo funcional do zooplâncton entre si e com os peixes no modelo do processo-chave de produção de alimentos do ecossistema do Mar Amarelo.

No modelo do processo chave da produção alimentar do ecossistema no Mar Amarelo (Fig. 2), as medusas e os chaetognatos são dois grupos de zooplâncton carnívoro gelatinoso, que parecem estar oportunamente posicionados para utilizar a produção secundária que é normalmente consumida pelos peixes (Millis, 1995). Para além disso, o grupo dos chaetognaths é também um recurso alimentar para os peixes. O grupo das salpas, que actuam como filtradores passivos (Katechakis et al., 2004), compete com outras espécies herbívoras ou omnívoras que se alimentam de fitoplâncton, mas a sua energia não pode ser transferida eficientemente para níveis tróficos superiores. Os três outros grupos funcionais, que constituem os principais recursos alimentares dos peixes, são definidos com base no espetro de tamanhos. O primeiro grupo, designado por crustáceos gigantes, inclui os indivíduos cujo comprimento do corpo é superior a 5 mm, por exemplo, *E. pacifica.* O segundo grupo é designado por copépodes grandes, cujo comprimento do corpo se situa entre 2-5 mm, por exemplo, *C. sinicus.* E o terceiro grupo, denominado pequenos copépodes, é dominado por indivíduos cujo comprimento do corpo é inferior a 2 mm, por exemplo, *Paracalanus parvus.* As fases larvares das várias espécies são distribuídas por grupos funcionais correspondentes em função do seu comprimento corporal.

A Tabela 1 define as caraterísticas de cada grupo funcional no modelo do ecossistema do Mar Amarelo. Em geral, os grupos dos crustáceos gigantes, dos copépodes grandes e dos copépodes pequenos apresentam efeitos ecológicos -plusll, enquanto os grupos das medusas e das salpas apresentam efeitos ecológicos -minusll no modelo. O grupo dos chaetognatos apresenta dois efeitos ecológicos, mas o efeito negativo é mais importante e mais forte do que o efeito positivo no ecossistema. A medusa gigante é uma parte específica do grupo medusae devido a um método de amostragem diferente, e um artigo separado (Zhang et al., não publicado) será publicado para estimar a função e o papel da medusa gigante no Mar Amarelo.

**Quadro 1 Definição das caraterísticas de cada grupo funcional do zooplâncton no modelo do processo-chave de produção alimentar do ecossistema do Mar Amarelo**

| Functional group | Definition | Functional role | Ecological effect |
|---|---|---|---|
| Giant crustaceans | >5 mm | Main food resource for fish | + |
| Large copepods | 2–5 mm | Main food resource for fish | + |
| Small copepods | <2 mm | Main food resource for fish | + |
| Chaetognaths | Carnivorous zooplankton | Feed on fish larvae and zooplankton; food resource | –/+ |
| Salps | Herbivorous zooplankton | Compete with other zooplankton for phytoplankton | – |
| Medusae | Carnivorous zooplankton | Feed on fish larvae and zooplankton | – |

A biomassa dos crustáceos gigantes, dos grandes copépodes, dos pequenos copépodes e dos chaetognatos foi expressa em g m $^{2}$ para a análise das variações sazonais e espaciais. Infelizmente, foi difícil avaliar o peso seco das medusas e das salpas ao longo dos períodos de estudo. No entanto, podemos especular que a biomassa das medusas e dos salpicos deve ser muito inferior à dos outros grupos funcionais do zooplâncton, devido ao maior teor de água e à menor abundância (ver Resultados). Além disso, no modelo, o que nos interessa é a quantidade de energia proveniente do fitoplâncton e do zooplâncton que é consumida pelos grupos das salpas e das medusas, respetivamente, e não a biomassa dos grupos em si, porque estes não são recursos alimentares para os peixes. Por conseguinte, a abundância de medusas e salpas é expressa em indivíduos m $^{2}$ para a análise das variações sazonais e espaciais neste estudo.

## 2.4 Resultados

### 2.4.1 Condições hidrográficas

Na primavera (março-abril de 2001), a temperatura vertical tornou-se homogénea devido à mistura completa das camadas superior e inferior, e a temperatura do fundo variou entre 6 e 14°C (Fig. 3A). A YSCBW resultante da tratificação esteve presente no verão (outubro de 2000) e a área da YSCBW retraiu-se no outono (novembro de 2001). A partir da distribuição horizontal da água fria de fundo no verão e no outono (Figs. 3B e 3C), é possível ver a extensão da YSCBW. No inverno (dezembro de 2000 - janeiro de 2001), a distribuição horizontal das temperaturas do fundo mostra claramente a intrusão da YSWC (Fig. 3D).

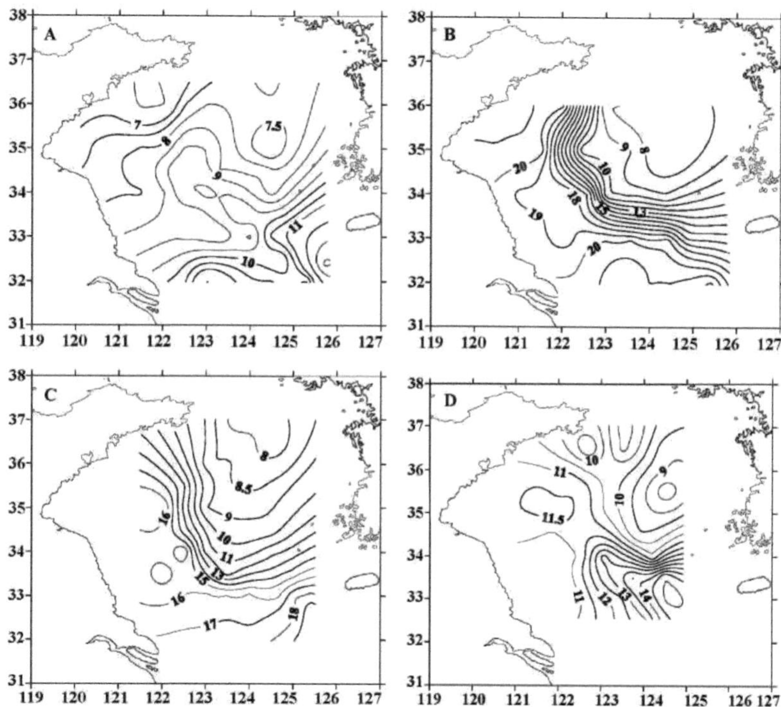


Fig. 3. Temperaturas do fundo (°C) durante (A) a primavera, (B) o verão, (C) o outono e (D) o inverno.

### 2.4.2 Variações sazonais dos grupos funcionais do zooplâncton

A biomassa média do zooplâncton no Mar Amarelo atingiu o pico no verão, com 3,1 g de peso seco m $^{2}$, seguindo-se o inverno, a primavera e o outono (2,9, 2,1 e 1,8 g de peso seco m $^{2}$, respetivamente). Na primavera, a contribuição média dos chaetognatos, crustáceos gigantes, copépodes grandes e copépodes pequenos para a biomassa total foi de 11, 19, 44 e 26%, respetivamente (Fig. 4A). No verão, porém, os grupos dos crustáceos gigantes e dos grandes copépodes dominaram a biomassa zooplanctónica, contribuindo com 73 e 12% da biomassa, respetivamente (Fig. 4B). As contribuições dos crustáceos gigantes, dos copépodes grandes e dos copépodes pequenos no outono foram semelhantes, com 36, 33 e 23%, respetivamente (Fig. 4C). Durante o inverno, os grupos dos crustáceos gigantes e dos grandes copépodes dominaram novamente a biomassa, contribuindo com 57 e 27%, respetivamente, da biomassa (Fig. 4D). No verão e no outono, verificou-se uma elevada abundância de medusas e de salps, com abundâncias médias de 113 e 53 indivíduos m $^{2}$ para o grupo das medusas e de 220 e 423 indivíduos m $^{2}$ para o grupo das salps, respetivamente.

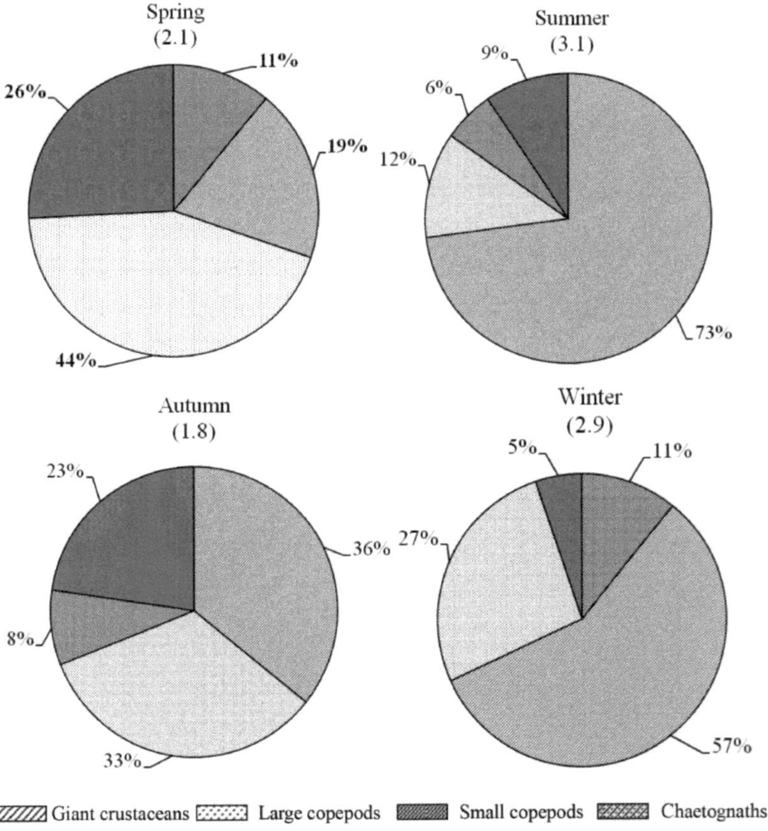


Fig. 4. Biomassa média sazonal mostrando a contribuição de cada grupo funcional no Mar Amarelo. O número entre parênteses por baixo da estação indica a biomassa média do zooplâncton (g m $^{2}$).

As espécies dominantes e as suas biomassas variaram consoante a estação do ano em cada grupo funcional (Tabela 2). *E. pacifica* dominou o grupo dos crustáceos gigantes durante todas as estações, contribuindo com 51-80% da biomassa de crustáceos gigantes. *Themisto gracilipes* e *Pseudeuphausia sinica* foram as espécies mais dominantes a seguir. A biomassa de copépodes grandes foi, em última análise, dominada por *C. sinicus,* que contribuiu com 73-99% da biomassa durante as quatro estações. Houve 17 espécies (taxa) que dominaram a biomassa dos pequenos copépodes. Entre eles, *P. parvus, Oithona similis, Acrocalanus gracilis, Centropages mcmurrichi, Paracalanus aculeatus, Oikopleura longicauda,* e *Scolecithrix nicobarica* foram os mais dominantes em diferentes estações. *Sagitta crassa, S. nagae* e *Sagitta enflata* dominaram a biomassa do grupo dos chaetognatos em todos os períodos e as suas contribuições para a biomassa variaram muito consoante a estação. *Doliolum denticulatum* foi a espécie mais dominante do grupo das salpas. As outras espécies dominantes foram *Dolioletta gegenbauri* e *Salpa fusiformis,* mas as suas abundâncias foram inferiores às de *D. denticulatum. Diphyes chamissonis, Muggiaea atlantica, Clytia hemisphaericum* e *Phialidium chengshanensis* foram as espécies dominantes do grupo das medusas.

**Tabela 2 Espécies dominantes e suas contribuições para a biomassa (>1%) para cada grupo funcional do zooplâncton no Mar Amarelo durante quatro estações**

| Functional group | Dominant species | Spring | Summer | Autumn | Winter |
|---|---|---|---|---|---|
| Giant crustacean | *Euphausia pacifica* | 79.5 | 71.7 | 63.7 | 50.5 |
| | *Pseudeuphausia latifrons* | - | 2.1 | - | - |
| | *Themisto gracilipes* | 6.3 | 3.5 | 28.8 | 45.0 |
| | *Leptochela gracilis* | - | - | 2.2 | - |
| | *Euphausia diomedeae* | - | 1.1 | - | - |
| | *Pseudeuphausia sinica* | 11.8 | 4.4 | 1.4 | - |
| | *Acanthomysis sinensis* | - | 1.5 | - | - |
| | *Acanthomysis longirostris* | - | - | 1.2 | - |
| | *Gastrosaccus pelagicus* | - | 1.1 | - | - |
| | *Corophium* sp. | - | 1.3 | - | - |
| | *Hyperiidea* sp. | - | 1.8 | - | - |
| | *Leptochela hainanensis* | - | 5.4 | - | - |
| | *Gammaridea* sp. | - | - | - | 1.5 |
| Large copepods | *Euchaeta plana* | 1.0 | - | 6.6 | - |
| | *Euchaeta marina* | - | - | 1.0 | - |
| | *Calanus sinicus* | 98.7 | 73.2 | 88.4 | 95.1 |
| | *Euchaeta concinna* | - | 6.9 | 1.5 | 2.2 |
| | *Undinula vulgaris* | - | 2.3 | - | - |
| | *Labidocera euchaeta* | - | 6.1 | 1.6 | - |
| | *Euchaeta* larvae | - | 9.7 | - | - |
| Small copepods | *Acrocalanus gibber* | - | 3.0 | 5.5 | - |
| | *Acrocalanus gracilis* | - | 45.1 | - | - |
| | *Paracalanus aculeatus* | - | 15.6 | 1.7 | - |
| | *Acartia clausi* | - | 1.1 | - | - |
| | *Paracalanus crassirostris* | - | - | 1.9 | - |
| | *Paracalanus parvus* | 53.3 | 9.2 | 34.2 | 73.4 |
| | *Oithona fallax* | - | 3.5 | - | - |
| | *Oithona similis* | 10.3 | 9.9 | 5.9 | 26.0 |
| | *Oikopleura longicauda* | 4.7 | 3.7 | 25.6 | - |
| | Ophiopluteus larvae | 3.8 | - | - | - |
| | *Acartia bifilosa* | 8.9 | - | - | - |
| | *Acartia pacifica* | - | - | 3.8 | - |
| | *Centropages mcmurrichi* | 17.9 | - | - | - |
| | *Clausocalanus arcuicornis* | - | 1.3 | - | - |
| | *Clausocalanus furcatus* | - | - | 2.0 | - |
| | *Scolecithrix nicobarica* | - | - | 12.5 | - |
| | Gastropod post larvae | - | 1.9 | - | - |
| Chaetognaths | *Sagitta crassa* | 98.6 | 2.5 | 48.1 | 90.6 |
| | *Sagitta enflata* | - | 8.3 | 5.8 | - |
| | *Sagitta nagae* | 1.4 | 88.7 | 46.1 | 7.6 |
| | *Saggitia bedoti* | - | - | - | 1.6 |

### 2.4.3 Padrões de distribuição espacial dos grupos funcionais do zooplâncton

As Figs. 5 e 6 mostram os padrões de distribuição geográfica de cada grupo funcional do zooplâncton durante as quatro estações. Uma elevada biomassa de chaetognaths esteve presente na parte norte do Mar Amarelo durante as quatro estações. Na primavera, uma biomassa relativamente elevada de crustáceos gigantes foi distribuída nas estações ao largo, enquanto uma biomassa elevada de copépodes grandes foi localizada nas estações costeiras perto da península de Shangdong e da ilha de Cheju. Durante o verão e o outono, quando se desenvolveu a termoclina sazonal, os grupos de crustáceos gigantes e de grandes copépodes mantiveram uma biomassa elevada na parte central do Mar Amarelo, que coincidia com o território do YSCBW, onde a temperatura do fundo era inferior a 12°C (Figs. 3B e 3C). As elevadas biomassas de crustáceos gigantes e de grandes copépodes continuaram a distribuir-se na parte central do Mar Amarelo no inverno, apesar de a temperatura da água se ter tornado novamente homogénea. Uma elevada biomassa de pequenos copépodes estava presente nas estações costeiras perto da península de Shangdong e da ilha de Cheju na primavera, na parte central do mar Amarelo no verão e no inverno e nas estações ao largo no outono. Devido à distribuição irregular e à dinâmica esporádica das medusas e das salpas, os dados relativos à abundância destes dois grupos funcionais foram transformados em $\log_{10}(N + 1)$, em que $N$ é o número contado para mostrar padrões de distribuição geográfica (Fig. 6). Uma elevada abundância de medusas foi distribuída principalmente na zona noroeste e ao longo da costa do Mar Amarelo, de acordo com a região das frentes que ocorrem nas quatro estações. O grupo das salpas distribuiu-se principalmente na parte norte do mar Amarelo (a norte de 35°00'N) durante os períodos de estudo.

Em resumo, uma elevada biomassa de zooplâncton foi localizada nas águas costeiras na primavera, sendo os grupos de copépodes grandes e pequenos os principais contribuintes. Nas outras estações, a elevada biomassa de zooplâncton distribuiu-se principalmente na parte central do Mar Amarelo, onde os crustáceos gigantes e os grandes copépodes foram os dois grupos dominantes. Além disso, o grupo dos pequenos copépodes também contribuiu de forma relativamente elevada para a biomassa de zooplâncton no outono. Em comparação com outros grupos, os chaetognatos, medusas e salpas contribuíram menos para a biomassa do zooplâncton durante as quatro estações.

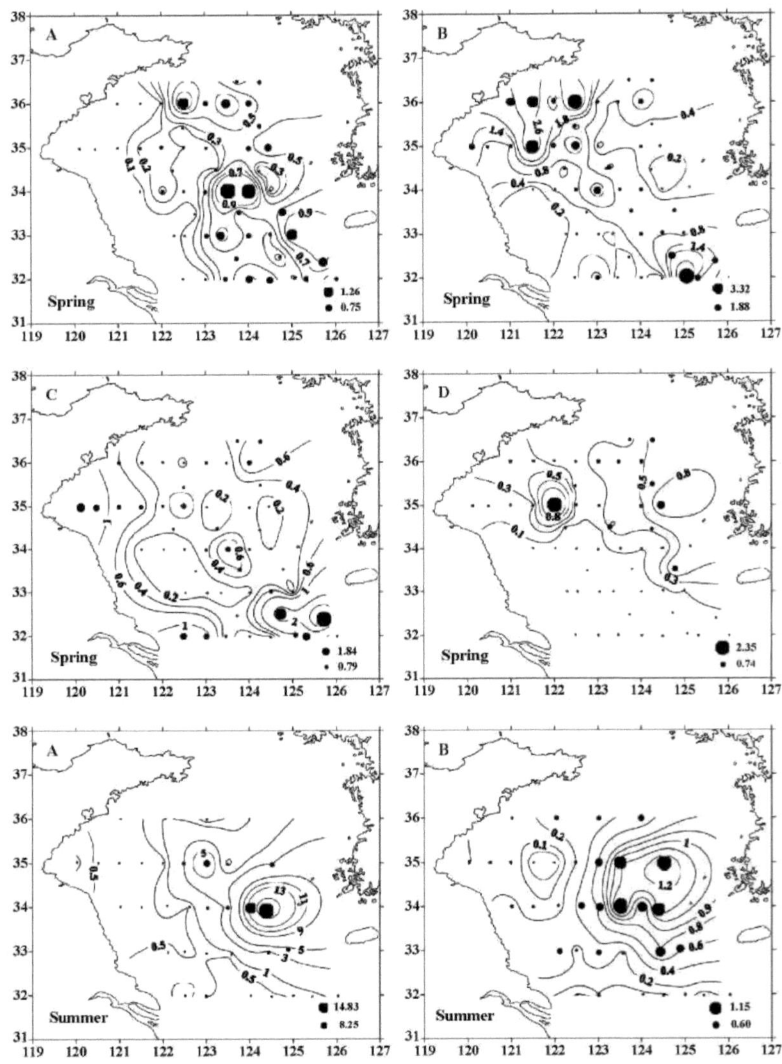
A
Spring
1.26
0.75
B
Spring
3.32
1.88
C
Spring
1.84
0.79
D
Spring
2.35
0.74
A
Summer
14.83
8.25
B
Summer
1.15
0.60

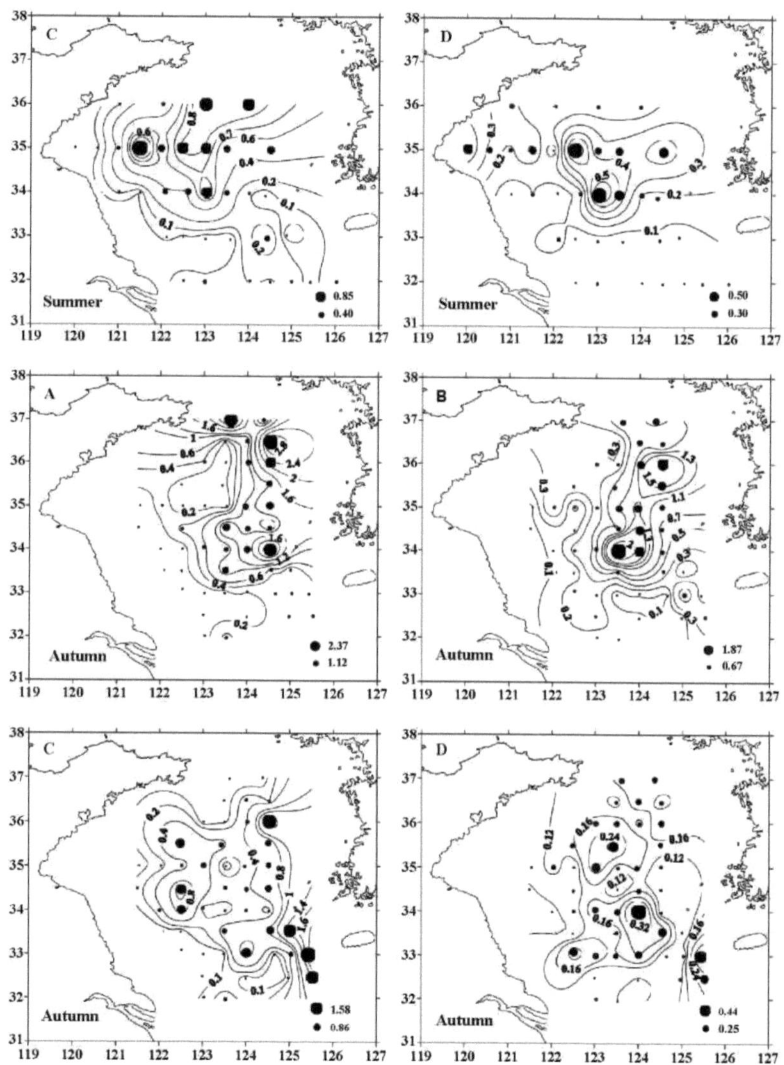
C
Summer
0.85
0.40
D
Summer
0.50
0.30
A
Autumn
2.37
1.12
B
Autumn
1.87
0.67
C
Autumn
1.58
0.86
D
Autumn
0.44
0.25

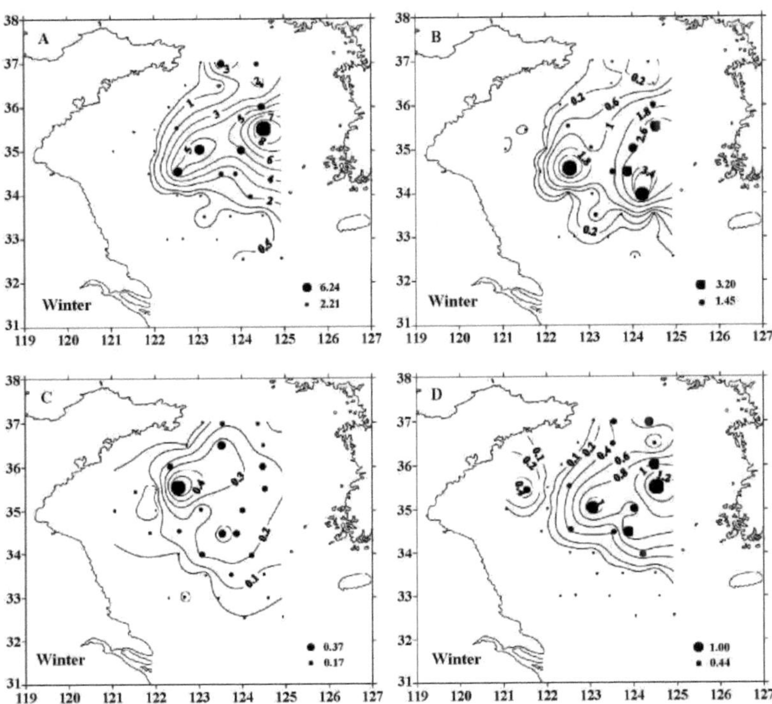


Fig. 5. Padrões de distribuição geográfica (g m [2]) dos (A) crustáceos gigantes, (B) grandes copépodes, (C) pequenos copépodes e (D) chaetognatos durante a primavera, verão, outono e inverno no Mar Amarelo.

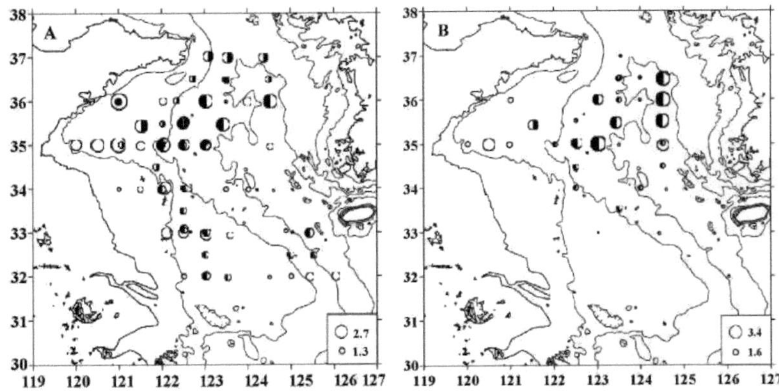


Fig. 6. Distribuição espacial (indivíduos m [2]) das (A) medusas e (B) das salpas durante a primavera (♦), verão (O), outono (€>) e inverno (O)

## 2.5 Discussão

### 2.5.1 Classificação dos grupos funcionais do zooplâncton

A classificação de muitos tipos funcionais de plâncton é possível em função da questão científica que está a ser abordada (Claustre, 1994; Falkowski et al., 1998; Bouman et al., 2003). Em vários modelos biogeoquímicos recentes, como os apresentados por Moore et al. (2002, 2004), Gregg et al. (2003) e Le Quere et al. (2005), a apresentação do zooplâncton foi considerada demasiado simplista e não suficientemente precisa para simular a transferência de energia para níveis tróficos superiores, pelo que o papel do zooplâncton não foi devidamente considerado nos modelos biogeoquímicos (Hood et al., 2006). A aplicação da abordagem por grupos funcionais, no entanto, tem estado envolvida na estrutura da rede alimentar ou nos fluxos de energia em estudos de ecossistemas marinhos. Hopkins et al. (1989, 1993) definiram 5 e 16 grupos entre o zooplâncton através do exame da extensão do intestino na zona de gelo marginal do Mar da Escócia e no Mar de Weddell ocidental, respetivamente. Araujo et al. (2006) classificaram 3 grupos funcionais de microzooplâncton, mesozooplâncton e macrozooplâncton, e Ichinokawa e Takahashi (2006) reconheceram 5 grupos funcionais chave do zooplâncton: dinoflagelados heterotróficos, ciliados, náuplios, copépodes e chaetognatos. Noutro estudo, o zooplâncton no seu conjunto foi considerado como um grupo funcional (Zetina-Rejon et al., 2003). Embora estas classificações possam permitir abordar questões científicas específicas, falta algo muito mais básico - a funcionalidade trófica, as formas como os organismos interagem uns com os outros - (Flynn, 2006), e as relações com níveis tróficos superiores são também ignoradas. Por conseguinte, ao estabelecer a utilidade dos grupos funcionais do zooplâncton para a modelação dos ecossistemas, devemos reconhecer não só o tamanho, as caraterísticas fisiológicas, os papéis biogeoquímicos e a funcionalidade trófica, mas também as interligações entre eles (Anderson, 2005), bem como as relações com os níveis tróficos superiores. Tendo em conta estas considerações, definimos um conjunto de 6 grupos funcionais chave do zooplâncton para modelar o processo chave da produção alimentar do ecossistema no Mar Amarelo, tal como descrito em Métodos.

### 2.5.2 Variações dos grupos funcionais do zooplâncton

A biomassa de zooplâncton foi dominada pelos grandes copépodes e pelos pequenos copépodes durante a primavera, e as biomassas elevadas destes dois grupos localizaram-se nas águas costeiras da península de Shangdong, que constituem um ambiente físico complicado. Nesta zona, existem frentes de maré, fortes correntes residuais de maré, remoinhos no sentido contrário ao dos ponteiros do relógio e a massa de água fria de Qingdao (Zhao et al., 1995; Zhang et al., 1996; Liu et al., 2003), onde a produção biológica pode ser maior (Mann, 1993). Foram encontradas nesta zona concentrações elevadas de clorofila *a* e uma grande abundância de pequenos copépodes e *C. sinicus* (Liu et al., 2003; Wang e Zuo, 2004; Zuo et al., 2006b). Estas propriedades, juntamente com os elevados níveis de nutrientes fornecidos pelo rio e a estabilidade vertical da coluna de água, contribuem para aumentar a produção primária e secundária, especialmente para as espécies de pequeno porte de crescimento rápido dos grupos dos copépodes grandes e pequenos, que, por sua vez, aumentam o número de presas disponíveis para as larvas de peixe (Vinas et al., 2002). Os crustáceos gigantes também contribuem substancialmente durante a primavera, enquanto a elevada biomassa deste grupo se distribui principalmente nas estações ao largo.

O grupo dos crustáceos gigantes dominou a biomassa do zooplâncton durante o verão (73%), seguido do grupo dos grandes copépodes (12%). Distribuíram-se principalmente na parte central do Mar Amarelo. A YSCBW desempenhou um papel vital nos seus padrões de distribuição geográfica. No verão, quando a YSCBW estava bem desenvolvida, a temperatura do fundo era de ~10°C, o que oferece um local de sobreaquecimento, ou um porto, para as espécies temperadas que não toleram temperaturas elevadas à superfície (25-28°C), por exemplo, *E. pacifica* e *C. sinicus,* que foram os principais contribuintes para os grupos de crustáceos gigantes e grandes copépodes (Sun et al., 2002; Wang et al., 2003; Pu et al., 2004a,b; Wang e Zuo, 2004).

Os crustáceos gigantes e os copépodes grandes e pequenos deram contribuições semelhantes durante o outono. Os seus padrões de distribuição geográfica também foram afectados pela YSCBW. A área da YSCBW retraiu-se mais no outono, com o limite inferior da camada de mistura a estender-se até cerca de 50 m (não mostrado) e, consequentemente, a distribuição vertical de algumas espécies dominantes mudou. A distribuição de *C. sinicus* começou a deslocar-se para as camadas média e superior, enquanto *T. gracilipes* se distribuiu por toda a coluna de água, mas *E. pacifica* preferiu permanecer nas águas profundas em todas as estações (Wang e Zuo, 2004). As alterações nas distribuições verticais destas espécies dominantes não tiveram impacto nos padrões de distribuição geográfica dos crustáceos gigantes e dos grandes copépodes. Os pequenos copépodes, que não foram influenciados pela YSCBW, também se distribuíram na parte central do Mar Amarelo, mas não na zona de elevada abundância de clorofila *a* (ver Wang e Zuo, 2004; Zuo et al., 2006a). A razão pode ser a produção primária, uma vez que Son et al. (2005) indicaram que o meio do Mar Amarelo tinha níveis mais elevados de produção primária do que a área mais rasa (<50 m) ao largo da costa da China.

A temperatura do fundo do Mar Amarelo durante o inverno indicou claramente a intrusão da YSWC, que é uma resposta a um gradiente de pressão criado pela monção do norte (Teague e Jacobs, 2000). A YSWC faz avançar água mais quente e mais salgada do Mar da China Oriental para o Mar Amarelo e altera grandemente a estrutura da comunidade zooplanctónica (Wang e Zuo, 2004). No entanto, a comunidade zooplanctónica ainda era dominada por espécies temperadas e temperadas quentes (Wang e Zuo, 2004) e a biomassa zooplanctónica era dominada por seis espécies: *E. pacifica, T. gracilipes, C. sinicus, P. parvus, O. similis* e *S. crassa.* Os grupos dos crustáceos gigantes e dos grandes copépodes continuaram a ser os principais contribuintes para a biomassa zooplanctónica, com elevadas biomassas localizadas na parte central do Mar Amarelo.

A elevada biomassa de chaetognatos localizou-se sobretudo na zona norte do Mar Amarelo durante as quatro estações. Em comparação com os outros grupos funcionais, a sua contribuição para a biomassa de zooplâncton foi menor. O grupo dos salps distribuiu-se principalmente na parte norte do mar Amarelo durante todos os períodos de estudo, mas apresentou padrões de distribuição muito irregulares e uma dinâmica esporádica (Andersen e Nival, 1988; Deibel, 1998). O grupo das medusas também se distribuiu de forma irregular, aumentando acentuadamente nas zonas frontais ao longo da costa do mar Amarelo (Wang, 1996).

Durante as quatro estações, *E. pacifica* e *T. gracilipes*, do grupo dos crustáceos gigantes; *C. sinicus*, do grupo dos grandes copépodes; *P. parvus, O. similis, Ac. gracilis, P. aculeatus* e *Ce. mcmurrichi*, do grupo dos pequenos copépodes; e *S. crassa* e *S. nagae*, do grupo dos chaetognatos, foram os que mais contribuíram para a biomassa dos respectivos

e controlou a dinâmica da comunidade zooplanctónica do Mar Amarelo. Os resultados indicam que é mais simples e mais fácil modelar o complicado ecossistema do Mar Amarelo utilizando uma abordagem de grupos funcionais do zooplâncton.

### 2.5.3 Função ecológica de cada grupo de zooplâncton

As variações sazonais e espaciais de cada grupo funcional do zooplâncton têm um significado ecológico importante no ecossistema do Mar Amarelo. As águas costeiras da península de Shangdong são o principal local de desova dos peixes durante a primavera, nomeadamente do *Engraulis japonicus* (Wan et al., 2002). Durante a desova intensa, *o Engraulis japonicus* regressa para se reproduzir nas águas costeiras, onde foi observada uma elevada biomassa de espécies dominantes nos grandes e pequenos grupos de copépodes, tais como *Ce. mcmurrichi, P. parvus, O. similis, Acartia bifilosa* e diferentes fases de *C. sinicus*. Estas espécies, juntamente com os seus ovos, náuplios e copepoditos, as principais presas das larvas de peixes de primeira alimentação (Vinas e Ramfrez, 1996; Meng, 2003), aumentaram o número de presas disponíveis para os peixes (Vinas et al., 2002). Durante o verão e o outono, a biomassa de zooplâncton foi dominada por crustáceos gigantes e grandes copépodes, que se distribuíram principalmente na parte central do Mar Amarelo. Durante estes períodos, *E. pacifica, T. gracilipes* e *C. sinicus,* as espécies dominantes dos grupos dos crustáceos gigantes e dos grandes copépodes, foram os principais itens alimentares de *Trichiurus lepturus, Pseudosciaena paracalanuslyactis, Lophius litulom, Liparis tanakae* e adultos de *En. japonicus* (Meng, 2003; Xue et al., 2004, 2007).

O grupo das salpas compete com os crustáceos gigantes, os grandes copépodes e os pequenos copépodes que se alimentam de fitoplâncton. Por exemplo, *D. denticulatum,* cujo valor máximo de ingestão absoluta foi de 67,8 µg C individual $^{1}$ dia $^{1}$ (Katechakis et al., 2004), surgiu com elevada abundância durante o verão e o outono no Mar Amarelo. No entanto, os papéis ecológicos deste grupo na teia alimentar do ecossistema do Mar Amarelo permanecem incertos. Os grupos medusae e chaetognaths competem com os níveis tróficos superiores (principalmente peixes) pelo zooplâncton (principalmente copépodes). No Mar Amarelo, foram observadas taxas de ingestão elevadas de 4,24, 8,18, 7,00 e 5,55 mg C m $^{2}$dia $^{1}$ de zooplâncton por chaetognatos em março, maio, setembro e dezembro, respetivamente (dados não publicados). Em geral, estes três grupos terão um impacto na produção secundária dos grupos dos crustáceos gigantes, dos grandes copépodes e dos pequenos copépodes, que são os principais recursos alimentares dos peixes.

Este estudo documentou o stock permanente de grupos funcionais de zooplâncton com as suas variações sazonais e espaciais no Mar Amarelo, mas a forma como estes padrões se alteram durante o crescimento da população e a dinâmica trófica, especialmente sob a variabilidade climática e a perturbação humana, é também muito importante. No verão, a temperatura elevada da superfície é prejudicial tanto para a fecundidade como para a eclosão de *C. sinicus,* com apenas 0-1,5 ovos fêmea $^{1}$ dia $^{1}$ no YSCBW (Zhang et al., 2007) e uma baixa abundância de ovos e náuplios durante a amostragem simultânea (Pu et al., 2004b). Para *E. pacifica,* uma das espécies mais dominantes do grupo dos crustáceos gigantes, a desova não foi observada no verão e foram produzidos comparativamente poucos ovos (36,6 ovos fêmea $^{1}$) no outono (Liu e Sun, 2002). Embora os pequenos copépodes tenham contribuído apenas com 5-26% para a biomassa total, podem ser os que mais contribuem para a produção secundária (Nielsen e Sabatini, 1996) devido ao seu curto período de vida e às múltiplas gerações por ano (Park et al., 2004). Estes resultados indicam que as diferentes estratégias do ciclo de vida das espécies dominantes nos grupos dos crustáceos gigantes e dos copépodes grandes e pequenos podem resultar em cadeias alimentares contrastantes e no fluxo total de energia através delas.

## 2.6 Conclusões

O zooplâncton pode ser classificado em seis grupos funcionais no Mar Amarelo: medusae, salps, chaetognaths, crustáceos gigantes, grandes copépodes e pequenos copépodes. Concluímos que os grupos dos grandes copépodes e dos pequenos copépodes, distribuídos principalmente nas águas costeiras, dominam a biomassa do zooplâncton durante a primavera. O grupo dos crustáceos gigantes é o que mais contribui para a biomassa de zooplâncton no verão, com uma elevada biomassa localizada na parte central do Mar Amarelo. No outono, os crustáceos gigantes, os grandes copépodes e os pequenos copépodes contribuem de forma semelhante e as biomassas elevadas dos crustáceos gigantes e dos grandes copépodes distribuem-se na parte central do Mar Amarelo, enquanto o grupo dos pequenos copépodes se encontra principalmente em estações ao largo. No inverno, a biomassa de zooplâncton é dominada pelos grupos dos crustáceos gigantes e dos grandes copépodes, que se distribuem principalmente na parte central do mar Amarelo. O grupo dos chaetognatos distribui-se principalmente na parte norte do mar Amarelo durante todas as estações, mas contribui menos para a biomassa zooplanctónica do que os outros grupos. Os grupos medusae e salps têm padrões de distribuição irregulares e distribuem-se principalmente ao longo da costa e na parte norte do mar Amarelo, respetivamente. Apenas 10 espécies pertencentes a diferentes grupos dominam a biomassa zooplanctónica e controlam a dinâmica da comunidade zooplanctónica. Devem ser consideradas as variações a longo prazo na distribuição sazonal e espacial e nos padrões de composição dos grupos funcionais do zooplâncton, especialmente sob alterações climáticas e perturbações humanas.

## 2.7 Referências


Andersen, V., Nival, P., 1988. A pelagic ecosystem model simulating production and sedimentation of biogenic particles-role of salps and copepods. Marine Ecology Progress Series 44, 37-50.

Anderson, T., 2005. Modelação do tipo funcional do plâncton: correr antes de podermos andar? Journal of Plankton Research 27, 1073-1081.

Araújo, J. N., Mackinson, S., Stanford, R. J., Sims, D. W., Southward, A. J., Hawkins, S. J., Ellis, J. R., Hart, P. J. B., 2006. Modelação das interações da teia alimentar, variação da produção de plâncton e pesca no ecossistema do Canal da Mancha ocidental. Marine Ecology Progress Series 309, 175-187.

Bouman, H. A., Platt, T., Sathyendranath, S., Li, W. K. W., Stuart, V., Fuentes-Yaco, C., Maass, H., Horne, E. P. W., Ulloa, O., Lutz, V., Kyewalyanga, W., 2003. Temperature as indicator of optical properties and community structure of marine phytoplankton: implications for remote sensing. Marine Ecology Progress Series 258, 19-30.

Chen, B. Y., 1986. Um estudo preliminar sobre a fauna de copépodes planctónicos nos mares da China. Ata Oceanologia Sinica 5, 118-125.

Cheng, T., 1965. The structure of zooplankton communities and its seasonal variation in the Yellow Sea and in the East China Sea. Oceanologia e Limnologia Sinica 7,

99-204. [Em chinês com resumo em inglês].

Cheng, T. C., Cheng, S. Y., 1962. On the ecology of the planktonic foraminifera of the Yellow Sea and the East China Sea. Oceanologia et Limnologia Sinica 4, 60-85. [Em chinês com resumo em inglês].

Claustre, H., 1994. O estado trófico de várias províncias oceânicas revelado pelas assinaturas dos pigmentos do fitoplâncton. Limnology and Oceanography 39, 12061210.

Deibel, D., 1998. A abundância, distribuição e impacto ecológico dos doliólidos. In: Bone, Q. (Ed.), The Biology of Pelagic Tunicates. Oxford Univ. Press, Oxford, pp. 171-186.

Falkowski, P. G., Barber, R. T., Smetacek, V., 1998. Biogeochemical controls and feedbacks on ocean primary production. Science 281, 200-206.

Feigenbaum, D., 1979. Daily ration and specific daily ration of the Chaetognath *Sagitta enflata.* Biologia Marinha 54, 75-82.

Flynn, K. J., 2006. Resposta ao artigo da Horizons= Plankton functional type modeling: running before we can walk? Anderson (2005). II. Colocar a funcionalidade trófica nos tipos funcionais do plâncton. Journal of Plankton Research 28, 873-875.

Gregg, W. W., Ginoux, P., Schopf, P. S., Casey, N. W., 2003. Phytoplankton and iron: validation of a global three-dimensional ocean biogeochemical model. Deep-Sea Research II 50, 3143-3169.

Hood, R. R., Laws, E. A., Armstrong, R. A., Bates, N. R., Brown, C. W., Carlson, C. A., Chai, F., Doney, S. C., Falkowski, P. G., Feely, R. A., Friedrichs, M. A. M., Landry, M. R., Moore, J. K., Nelson, D. M., Richardson, T. L., Salihoglu, B., Schartau, M., Toole, D. A., Wiggert, J. D., 2006. Pelagic functional group modeling: progress, challenges and prospects. Deep-Sea Research II 53, 459512.

Hopkins, T. L., Torres, J. J., 1989. Teia alimentar de águas intermédias na vizinhança de uma zona de gelo marginal no mar de Weddell ocidental. Deep-Sea Research 36, 543-560.

Hopkins, T. L., Lancraft, T. M., Torres, J. J., Donnelly, J., 1993. Estrutura da comunidade e ecologia trófica do zooplâncton na zona de gelo marginal do Mar da Escócia no inverno

(1988). Deep-Sea Research 40, 81-105.

Huo, Y. Z., Wang, S. W., Sun, S., Li, C. L., Liu, M. T., 2008. Alimentação e produção de ovos do copépode planctónico *Calanus sinicus* na primavera e no outono no Mar Amarelo, China. Journal of Plankton Research 30, 723-734.

Ichinokawa, M., Takahashi, M. M., 2006. Fluxo de carbono dependente do tamanho na rede alimentar epipelágica do Pacífico Equatorial Ocidental. Marine Ecology Progress Series 313, 13-26.

Jacobs, G.A., Hur, H.B., Riedlinger, S.K., 2000. Resposta dos mares Amarelo e da China Oriental aos ventos e correntes. Journal of Geophysical Research (C Oceans) 105(C9), 21,947-21,968.

Kang, J-H., Kim, W. S., Jeong, H. J., Shin, K., Chang, M., 2007. Porque é que o copépode *Calanus sinicus* aumentou durante a década de 1990 no Mar Amarelo? Marine Environmental Research 63, 82-90.

Katechakis, A., Stibor, H., Sommer, U., Hansen, T., 2004. Selectividades alimentares e separação de nichos alimentares de *Acartia clause, Penilia avirostris* (Crustacea) e *Doliolum denticulatum* (Thaliacea) na Baía de Blanes (Mar da Catalunha, Mediterrâneo NW). Journal of Plankton Research 26, 589-603.

Le Quere, C., Harrison, S. P., Prentice, I. C., Buitenhuis, E. T., Aumont, O., Bopp, L., Claustre, H., Cunha, L. C. D., Geider, R., Giraud, X., Klaas, C., Kohfeld, K. E., Legendre, L., Manizza, M., Platt, T., Rivkin, R. B., Sathyendranath, S., Uitz, J., Watson, A. J., Wolf-Gladrow, D., 2005. Dinâmica do ecossistema baseada em tipos funcionais de plâncton para modelos globais de biogeoquímica. Global Change Biology 11, 2016-2040.

Li, C. L., Sun, S., Wang, R., Wang, X., 2004. Taxas de alimentação e respiração de um copépode planctónico (*Calanus sinicus*) durante o verão em águas frias do Mar Amarelo. Biologia Marinha 145, 149-157.

Liu, G. M., Sun, S., Wang, H., Zhang, Y., Yang, B., Ji, P., 2003. Abundância de *Calanus sinicus* ao longo da frente de maré no Mar Amarelo, China. Fisheries Oceanography 12, 291-298.

Liu, H. L., Sun, S., 2002. Estudo preliminar sobre o tamanho da ninhada, a eclodibilidade dos ovos e o desenvolvimento inicial de um *Euphausia pacifica* Hansen do Mar da China Oriental e do Sul do Mar Amarelo. Oceanologia et Limnologia Sinica Special Issue, 51-60. [Em chinês com resumo em inglês].

Mann, K. H., 1993. Physical oceanography, food chains, and fish stocks: a review. ICES Journal of Marine Science 50, 105-119.

Meng, T. X., 2003. Estudos sobre a alimentação do biqueirão (*Engraulis japonicus*) em diferentes fases do ciclo de vida no zooplâncton nas águas centrais e meridionais do Mar Amarelo. Marine

Fisheries Research 24, 1-9. [Em chinês com resumo em inglês].

Mills, C. E., 1995. Medusae, siphonophores, and ctenophores as planktivorous predators in changing global ecosystems. ICES Journal of Marine Science 52, 575-581.

Moore, K. J., Doney, S. C., Kleypas, J. A., Glover, D. M., Fung, I. Y., 2002. Um modelo de ecossistema marinho de complexidade intermédia para o domínio global. DeepSea Research II 49, 403-462.

Moore, K. J., Doney, S. C., Lindsay, K., 2004. Dinâmica do ecossistema do oceano superior e ciclo do ferro num modelo tridimensional global. Global Biogeochemical Cycles 18, GB4028. doi:10.1029/2004/GB002220.

Nagasawa, S., 1984. Alimentação em laboratório e produção de ovos no Chaetognath *Sagitta crassa* Tokioka. Journal of Experimental Marine Biology and Ecology 76, 51-65.

Nagasawa, S., Marumo, R., 1978. Reprodução e história de vida do Chaetognath *Sagitta nagae* Alvarino na Baía de Suruga. Journal of the Oceanographical Society of Japan 25, 67-84. [Em japonês com resumo em inglês].

Nielsen, T. G., Sabatini, M., 1996. Role of cyclopoid copepods *Oithona* spp. in North Sea plankton communities. Marine Ecology Progress Series 139, 79-93.

Park, W., Sturdevant, M., Orsi, J., Wertheimer, A., Fergusson, E., Heard, W., Shirley, T., 2004. Padrões interanuais de abundância de copépodes durante um evento ENSO em Icy Strait, sudeste do Alasca. ICES Journal of Marine Science 61, 464-477.

Pinchuk, A. A., Hopcroft, R. R., 2007. Variações sazonais nas taxas de crescimento de Euphausiids (*Thysanoessa inermis*, *T. spinifera* e *Euphausia pacifica*) do norte do Golfo do Alasca. Marine Biology 151,257-269.

Polis, G. A., 1991. Complex trophic interactions in deserts: an empirical critique of food-web theory. American Naturalist 138, 123-155.

Pu, X. M., Sun, S., Yang, B., Ji, P., Zhang, Y. S., Zhang, F., 2004a. The combined effects of temperature and food supply on *Calanus sinicus* in the southern Yellow Sea in summer. Journal of Plankton Research 26, 1-9.

Pu, X. M., Sun, S., Yang, B., Zhang, G. T., Zhang, F., 2004b. Estratégias de história de vida de *Calanus sinicus* no sul do Mar Amarelo no verão. Journal of Plankton Research 26, 1059-1068.

Raghukumar, S., Anil, A. C., 2003. Biodiversidade marinha e funcionamento dos ecossistemas: uma perspetiva. Current Science 84, 884-892.

Rose, K., Roff, J. C., Hopcroft, R. R., 2004. Produção de *Penilia avirostris* no porto de Kingston, Jamaica. Journal of Plankton Research 26, 605-615.

Ruiz, J., d'Alcala, M. R., Crise, A., Siokou-Frangou, L., 2007. Uma abordagem "end to end" na modelação dos ecossistemas pelágicos mediterrânicos: poderá a abordagem de Nápoles ser uma prova de viabilidade? Globec International Newsletter 13, 39-40.

Satapoomin, S., Nielsen, T. G., Hansen, J. P., 2004. Copepods do Mar de Andaman: variações espácio-temporais na biomassa e produção, e papel na teia alimentar pelágica. Marine Ecology Progress Series 274, 99-122.

Son, S. H., Campbell, J., Dowell, M., Yoo, S., Noh, J., 2005. Primary production in the Yellow Sea determined by ocean color remote sensing. Marine Ecology Progress Series 303, 91-103.

Su, Y., Weng, X., 1994. Massas de água nos mares da China. Em: Zhou, D., Liang, Y.B., Zeng, C.K. (Eds.), Oceanology of China Seas, Vol. 1 (C). Dordrecht/Boston/Londres, Kluwer Academic, pp. 3-26.

Sun, S., Wang, R., Zhang, G. T., Yang, B., Ji, P., Zhang, F., 2002. Um estudo preliminar sobre a estratégia de verão de *Calanus sinicus* no Mar Amarelo. Oceanologia et Limnologia Sinica Special Issue, 92-99. [Em chinês com resumo em inglês].

Teague, W. J., Jacobs, G. A., 2000. Observações actuais sobre o desenvolvimento do Corrente quente do Mar Amarelo. Journal of Geophysical Research (C Oceans) 105, 3401-3411.

Uye, S., 1982. Length-weight relationships of important zooplankton from the Inland Sea of Japan. Journal of the Oceanographical Society of Japan 38, 249-158.

Uye, S., Ichino, S., 1995. Variações sazonais na abundância, composição do tamanho, biomassa e taxa de produção de *Oikopleura dioica* (Fol) (Tunicata: Appendicularia) numa enseada eutrófica temperada. Journal of Experimental Marine Biology and Ecology 189, 1-11.

Vinas, M. D., Negri, R. M., Ramfrez, F. C., Hernandez, D., 2002. Zooplâncton e hidrografia na área de desova da anchova (*Engraulis anchoita*) no estuário do Rio da Prata (Argentina-Uruguai). Pesquisa Marinha e de Água Doce 53, 1-13.

Vinas, M. D., Ramfrez, F. C., 1996. Análise do intestino das larvas de anchova que se alimentam pela primeira vez nas zonas de desova da Patagónia em relação à disponibilidade de alimento. Arquivo de Investigação Pesqueira e Marinha 4, 231-256.

Wan, R. J., Huang, D. J., Zhang, J., 2002. Abundância e distribuição de ovos e larvas de *Engraulis japonicus* na parte norte do Mar da China Oriental e na parte sul do Mar Amarelo e sua relação com as condições ambientais. Journal of Fisheries of China 26, 321-330. [Em chinês com resumo em inglês].

Wang, R., Zuo, T., 2004. The Yellow Sea Warm Current and the Yellow Sea Cold Bottom Water, their impact on the distribution of zooplankton in the southern Yellow Sea. Journal of the Korean Society of Oceanography 39, 1-13.

Wang, R., Zuo, T., Wang, K., 2003. A Água Fria de Fundo do Mar Amarelo - um local de sobre-verão para *Calanus sinicus* (Copepoda, Crustacea). Journal of Plankton Research 25, 169-183.

Wang, Z. L., 1996. Um estudo ecológico de Medusae no Mar Amarelo. Journal of Oceanography of HuangHai & BoHai Sea 14, 41-50. [Em chinês com resumo em inglês].

Xue, Y., Jin, X. S., Zhang, B., Liang, Z. L., 2004. Ontogenetic and diel variation in feeding habits of small yellow croaker *Pseudosciaena polyactis* Bleeker in the central part of Yellow Sea. Journal of Fishery Sciences of China 11, 420-425. [Em chinês com resumo em inglês].

Xue, Y., Jin, X. S., Zhao, X. Y., Liang, Z. L., Li, X. S., 2007. Consumo de alimentos pela comunidade de peixes no centro e sul do Mar Amarelo no outono. Periodical of Ocean University of China 37, 75-82. [Em chinês com resumo em inglês].

Zetina-Rejon, M. J., Arregum -Sanchez, F., Chavez, E. A., 2003. Estrutura trófica e fluxos de energia no complexo lagunar Huizache-Caimanero na costa do Pacífico do México. Estuarine, Coastal and Shelf Science 57, 803-815.

Zhang, G. T., Sun, S., Zhang, F., 2005. Variação sazonal das taxas de reprodução e do tamanho do corpo de *Calanus sinicus* no sul do Mar Amarelo, China. Journal of Plankton Research 27, 135-143.

Zhang, G. T., Sun, S., Yang, B., 2007. Reprodução estival do copépode planctónico *Calanus sinicus* no Mar Amarelo: influências da temperatura elevada à superfície e da água fria do fundo. Journal of Plankton Research 29, 179-186.

Zhang, H. Q., 1995. Relação entre a distribuição do zooplâncton e as caraterísticas hidrográficas do sul do Mar Amarelo. Yellow Sea 1, 50-67.

Zhang, Q. L., Weng, X. C., Yang, Y. L., 1996. Análise das massas de água no sul do Mar Amarelo na primavera. Oceanologia et Limnologia Sinica 27, 421-428. [Em chinês com resumo em inglês].

Zhao, B. R., Fang, G. H., Cao, D. M., 1995. Caraterísticas das correntes residuais de maré e suas relações com os transportes de correntes costeiras no mar de BoHai, no mar Amarelo e no mar da China Oriental. Studia Marina Sinica 36, 1-11. [Em chinês com resumo em inglês].

Zuo, T., Wang, K., Li, C. L., 2003. Relação entre comprimento e peso seco de *Calanus sinicus* na parte sul do Mar Amarelo. Jornal das Pescas da China 27 (Edição Especial), 103-107. [Em chinês com resumo em inglês].

Zuo, T., Wang, R., Chen, Y. Q., Gao, S. W., Wang, K. 2006a. Autumn net copepod abundance and assemblages in relation to water masses on the continental shelf of the Yellow Sea and East China Sea. Journal of Marine Systems 59, 159-172.

Zuo, T., Wang, R., Gao, S. W., Wang, K., 2006b. Abundância de copépodes de pequeno porte na zona de desova da anchova *Engraulis japonicus* no sul do Mar Amarelo. Oceanologia et Limnologia Sinica 37, 330-336. [Em chinês com resumo em inglês].

# CAPÍTULO 3

## 3. Biomassa e produção estimada de zooplâncton fraccionado por tamanho no mar Amarelo

### 3.3 Resumo

A biomassa do zooplâncton fraccionada por tamanho, a composição taxonómica e a produção calculada por fórmulas baseadas nos métodos fisiológicos de Ikeda-Motoda foram estudadas com base em amostras colhidas em seis cruzeiros no Mar Amarelo. O zooplâncton foi fraccionado por peneiras em grupos de ~2 mm, 1-2 mm, 0,5-1 mm, 0,25-0,5 mm e 0,16-0,25 mm. Os resultados mostraram que a biomassa média do zooplâncton foi de 84,03 mg DM $m^{-3}$ em maio, seguida, por ordem, de setembro, junho, março, agosto e dezembro com 42,34, 38,36, 32,37, 27,17 e 21,83 mg DM $m^{-3}$, respetivamente. A contribuição dos grupos ~2 mm, 1-2 mm, 0,5-1 mm, 0,25-0,5 mm e 0,16-0,25 mm para a biomassa total foi de 15,2~27,4 %, 13,2~29,4 %, 14,7~18,2 %, 15,8~22,6 % e 16,3~34,2 %, respetivamente, durante o período de investigação. A biomassa de todos os grupos de tamanho foi mais elevada em maio e, com exceção da biomassa do grupo 0,16-0,25 mm, que foi mais baixa em agosto, a biomassa dos outros grupos de tamanho foi mais baixa em dezembro. As espécies (ou taxa) de zooplâncton dominantes em cada grupo foram semelhantes entre os seis cruzeiros. A produção estimada de zooplâncton foi mais elevada em maio, com 1,97 mg C $m^{-3}$ $d^{-1}$, e foi mais baixa em dezembro, com 0,51 mg C $m^{-3}$ $d^{-1}$, e situou-se entre 0,67 e 1,44 mg C $m^{-3}$ $d^{-1}$ nos outros meses de investigação. A produção anual estimada de zooplâncton foi de 0,37 g C $m^{-3}$ $y^{-1}$. Os dois grupos mais pequenos representaram, no seu conjunto, 59 a 84 % da produção líquida de zooplâncton no mar Amarelo. A distribuição geográfica da biomassa e da produção de zooplâncton fraccionado por tamanho foi significativamente afetada pelas caraterísticas físicas complexas do mar Amarelo. Quando a água fria de fundo do Mar Amarelo apareceu, de junho a setembro, a biomassa e a produção de zooplâncton superior a 1 mm foi mais elevada dentro da área da massa de água fria do que fora dela, enquanto o zooplâncton inferior a 1 mm apresentou resultados contrários. A maior biomassa e produção de todos os grupos de zooplâncton ocorreu na parte sul da área de estudo em dezembro, devido à intrusão da Corrente Quente do Mar Amarelo. E em março, a maior biomassa e produção de zooplâncton, especialmente de zooplâncton de pequeno tamanho, ocorreu nas águas costeiras devido a propriedades físicas complexas. Os resultados do presente trabalho mostraram que a biomassa e as propriedades de produção do zooplâncton de tamanho fraccionado, que é muito importante para a "parametrização" dos modelos de estrutura da teia alimentar do Mar Amarelo.

*Palavras-chave:* Zooplâncton; Biomassa; Produção; Tamanho fraccionado; Massa de água; Mar Amarelo

## 3.4 Introdução

O Mar Amarelo é um mar marginal do noroeste do Pacífico, rodeado pela costa oriental da China e pela península coreana, com uma profundidade média de 44 m e uma profundidade máxima de 103 m. A Água Fria de Fundo do Mar Amarelo (YSCBW) e a Corrente Quente do Mar Amarelo (YSWC) são duas caraterísticas proeminentes do Mar Amarelo (Su e Weng, 1994; Teague e Jacobs, 2000; Jacobs et al., 2000). Além disso, as frentes de maré, as fortes correntes residuais de maré, os remoinhos anti-horários e a massa de água fria de Qingdao ocorrem nas zonas costeiras em algumas estações (Zhao et al., 1995; Zhang et al., 1996; Liu et al., 2003). O Mar Amarelo é afetado pelas descargas de água doce do Rio Yangtze e pela Corrente de Kuroshio, que se caracteriza por temperaturas comparativamente elevadas e água salgada (Son et al., 2005). Sendo uma água de plataforma pouco profunda, o Mar Amarelo contém ambientes físicos complexos e é grandemente afetado pelas condições climáticas.

O Mar Amarelo é uma importante zona de pesca e os países limítrofes obtêm uma parte substancial dos seus alimentos da pesca nas águas costeiras. É da nossa responsabilidade preservar a saúde deste ecossistema produtivo, a fim de manter a pesca no futuro. Para que a gestão seja eficaz, é importante medir a produção de plâncton e a sua transferência para organismos de níveis tróficos superiores, como os peixes (Uye e Shimazu, 1997). Existem muitos relatórios sobre a produção primária de fitoplâncton no Mar Amarelo (Choi et al., 1995; Wu et al., 1995; Yoo e Shin, 1995; Lin et al., 2005; Son et al., 2005); no entanto, estes estudos foram limitados tanto temporal como espacialmente.

Foram efectuados muitos estudos sobre a estrutura da comunidade zooplanctónica do Mar Amarelo (Cheng e Cheng, 1962; Cheng, 1965; Chen, 1986), sobre o impacto das condições hidrográficas no zooplâncton (Liu et al., 2003; Wang e Zuo, 2004), sobre a diversidade e as assembleias de copépodes (Zuo et al., 2006), sobre algumas espécies dominantes (Sun et al, 2005; Sun e Zhang, 2005; Wang et al., 2003; Pu et al., 2004a, b; Zhang et al., 2005, 2007; Kang et al., 2007; Huo et al., 2008) e grupos funcionais do zooplâncton (Sun et al., 2010), mas, tanto quanto sabemos, não foi efectuado qualquer estudo sobre a biomassa e a taxa de produção do zooplâncton no Mar Amarelo.

Para modelar a estrutura da cadeia alimentar, foram efectuados seis cruzeiros pelo programa China Globec/Immber= Key Processes and Sustainable Mechanisms of Ecosystem Food Production' durante o período de setembro de 2006 a agosto de 2007 para estudar as relações entre o zooplâncton e os níveis tróficos superiores no Mar Amarelo. Aqui, a biomassa e as propriedades de produção estimadas do zooplâncton líquido fraccionado por tamanho são relatadas, o que é muito importante para a "parametrização" dos modelos de estrutura da teia alimentar do Mar Amarelo.

### 3.5 Métodos e materiais

A amostragem do zooplâncton foi efectuada durante seis cruzeiros no R/V *-BeidouII* no Mar Amarelo, no período de setembro de 2006 a agosto de 2007. A figura 1 mostra a localização dos transectos e das estações de amostragem durante os seis cruzeiros. A profundidade máxima destas estações era inferior a 100 m.

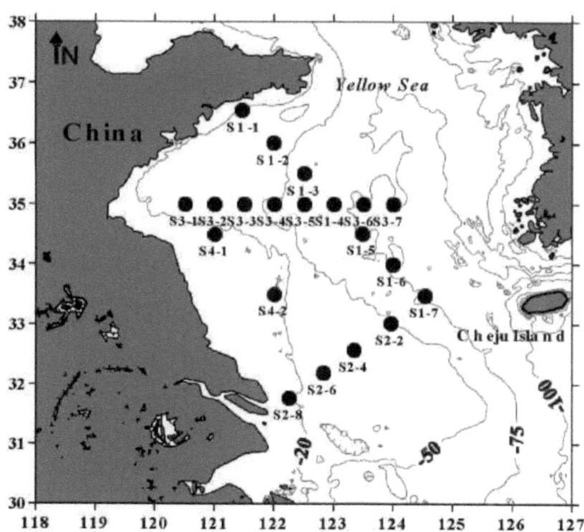


Fig. 1 Mapa da área de estudo e localizações dos transectos e estações de amostragem com isóbatas de 20 m, 50 m, 75 m e 100 m.

O zooplâncton foi amostrado com dois tipos de redes cónicas de plâncton: 500 µm de malhagem (0,8 m de diâmetro de boca) e 160 µm de malhagem (0,5 diâmetro de boca) (Sun et al., 2010), que foram rebocadas verticalmente a ~1 m $s^{-1}$ desde perto do fundo do mar da coluna de água até à superfície do mar. Um fluxómetro TSK e sensores de profundidade foram montados na boca de cada rede para medir o volume de água filtrada e a profundidade de amostragem, respetivamente. Imediatamente após o arrasto, as capturas foram fraccionadas por peneiras com malhas de 2 mm, 1 mm, 0,5 mm e 0,25 mm. Em seguida, os organismos foram filtrados em filtros de fibra de vidro (Whatman GF/C) pré-pesados e pré-combustão (450°C), secos ao ar durante 24-36 h numa estufa a 60°C e armazenados em exsicadores até serem pesados numa balança eletrónica. As amostras nos filtros não foram lavadas com água destilada para eliminar o sal da água do mar aderente, uma vez que este procedimento reduziria a biomassa do zooplâncton. No entanto, a própria massa seca dos organismos excede o sal aderente em algumas ordens de grandeza. Por conseguinte, a massa seca do zooplâncton foi determinada diretamente sem remover a parte menor com água destilada, como recomendado pelo manual metodológico do CIEM para o zooplâncton (Postel et al., 2000). Devido às diferenças de eficiência de captura destas duas redes (Wang e Wang, 2003), as capturas da rede de malha de 500 µm foram utilizadas para estimar a biomassa e a produção de zooplâncton de dimensão superior a 1 mm e as capturas da rede de malha de 160 µm foram utilizadas para estimar a biomassa e a produção dos outros grupos. As amostras de zooplâncton rebocadas com uma rede de 160 µm de malhagem e filtradas através de um crivo de 0,25 mm de malhagem constituíram o componente do grupo 0,16-0,25 mm. A biomassa de zooplâncton dos grupos ~2 mm, 1-2 mm, 0,5-1 mm, 0,25-0,5 mm e 0,16-0,25 mm foi obtida através desta abordagem e abrangeu um tamanho de corpo que variava entre náuplios de copépodes e grandes eufasiídeos macrozooplanctónicos.

As amostras para enumeração e identificação das espécies foram também rebocadas com dois tipos de redes desde o fundo do mar até à superfície, tendo sido imediatamente peneiradas em 5 grupos de tamanho e conservadas em solução de água do mar de formalina neutralizada a 5 %, respetivamente. No laboratório, foram contados todos os macrozooplâncton, como *Euphausia pacifica* e *Sagitta nagae*, e as restantes amostras de outros grupos de tamanho de zooplâncton foram divididas em subamostras de 1/2 a 1/5 com um separador caseiro e foram enumeradas ao microscópio de dissecação.

Os perfis verticais de temperatura e salinidade foram registados em cada estação com um instrumento CTD Sea-Bird (SBE 25) baixado e recuperado desde a superfície do mar até próximo do fundo marinho. As amostras de água do mar para a medição da clorofila *a* (Chl *a*) foram recolhidas a diferentes profundidades, desde a superfície do mar até próximo do fundo marinho, filtradas em filtros de fibra de vidro GF/F, extraídas com acetona aquosa a 90 % e a concentração de Chl *a* determinada fluorometricamente com um fluorómetro Turner Designs (Parsons et al., 1984). O mau tempo impediu a realização de experiências em algumas estações em determinados cruzeiros.

Os modelos para estimar a produção de zooplâncton são desenvolvidos por muitos investigadores, tais como a utilização da relação produção/biomassa para estimar a produção de copépodes (Banse e Mosher, 1980), o modelo de crescimento de copépodes dependente da temperatura (Huntley e Lopez, 1992), a regressão linear múltipla para o crescimento dos copépodes planctónicos com base na temperatura e na massa corporal (Hirst e Sheader, 1997) e o modelo fisiológico baseado na temperatura e na massa corporal para estimar o zooplâncton planctónico, incluindo muitos grupos de zooplâncton, etc. (Ikeda e Motoda, 1975; 1978; Ikeda, 1985). A escolha dos métodos acima referidos depende da questão de investigação e, nalguns casos, um modelo global de crescimento pode constituir uma aproximação suficiente das taxas de crescimento e de reprodução (Runge e Roff, 2000). As condições de temperatura do Mar Amarelo são complexas devido às propriedades físicas, o que afectaria significativamente as taxas de crescimento e reprodução do zooplâncton. Por conseguinte, no presente estudo foi selecionado o modelo fisiológico de Ikeda e Motoda para estimar a produção do zooplâncton a partir da distribuição do tamanho e da temperatura, que tem sido aplicado em vários estudos (Joh e Uno, 1983; Uye et al., 1987). A respiração do zooplâncton ($R_{O2}$) foi calculada em função do peso corporal ($W$) e da temperatura ($T$, °C ), e pode ser expressa pela seguinte relação: $\ln R_{O2} = -0{,}2512 + 0{,}7886 \ln W + 0{,}0490\, T$, em que $R_{O2}$ é a taxa de respiração (μl $O_2$ animal$^{-1}$ h$^{-1}$) e Wis o peso seco do corpo (mg animal$^{-1}$) (Ikeda, 1985). Este método foi utilizado para calcular a taxa de respiração de cada zooplâncton fraccionado por tamanho. O valor da taxa de respiração foi transformado e expresso em unidades de carbono ($R_C$, mg C animal$^{-1}$ h$^{-1}$) de acordo com a seguinte equação , assumindo um RQ de 0,8 (Runge e Roff, 2000)): $R_C = R_{O2} \times 0{,}8 \times 12/1000 \times 22{,}4$, em que 12 é a massa molar de carbono (g mol$^{-1}$) e 22,4 é o volume molar de oxigénio (L mol$^{-1}$). A eficiência bruta de crescimento e a eficiência de assimilação foram assumidas como sendo 0,3 e 0,7 (Ikeda, 1985; Hirst e Sheader, 1997; Runge e Roff, 2000), de modo que a equação usada para a produção ($P$, mg C animal$^{-1}$ h$^{-1}$) foi: $P = 0{,}75\ _{RC}$, conforme sugerido para o zooplâncton por Ikeda e Motoda (1978). A produção por dia de cada grupo foi obtida como $P$ multiplicando a abundância de cada grupo (animal m$^{-3}$) e 24 h.

No Mar Amarelo, a forte estratificação apareceu de junho a setembro, resultante do YSCBW, e a grande maioria do zooplâncton maior do que 0,5 mm, e.g. *Calanus sinicus* e *E. pacifica*, habitou dentro da massa de água fria, enquanto outras espécies de zooplâncton pequenas, e.g. *Paracalanus parvus* e *0ithona similis*, foram distribuídas principalmente na camada superior e fora da área do mar da massa de água fria. Assim, em junho, agosto e setembro, ao calcular a taxa de produção dos grupos ~2 mm, 1-2 mm e 0,5-1 mm na zona marítima YSCBW, o parâmetro $T$ foi a temperatura média da coluna de água abaixo da termoclina, enquanto que ao calcular a taxa de produção dos outros grupos, o parâmetro $T$ foi a temperatura média da coluna de água acima da termoclina. E noutros meses, quando a forte estratificação desapareceu, o parâmetro $T$ foi a temperatura média da coluna de água desde a superfície do mar até ao fundo.

## 3.4 Resultados

### *3.4.1* Condições hidrográficas e Chl *a*

Em dezembro de 2006 e março de 2007, a coluna de água estava bem misturada e tinha uma temperatura uniforme desde a superfície do mar até ao fundo. Tanto a temperatura do fundo como a da superfície aumentaram gradualmente para sul, por exemplo, a temperatura do fundo mostrada na Fig. 2B e C, variando de 7,6 °C a 17,4 °C e de 5,9 °C a 12,6 °C, respetivamente, o que mostrou claramente a intrusão da YSWC. O padrão da isotérmica da temperatura do fundo em maio de 2007 indicou que a YSCBW começou a aparecer (Fig. 2D), até junho, e desenvolveu-se com a maior intensidade em agosto e setembro, como se mostra nas Fig. 2A e F.

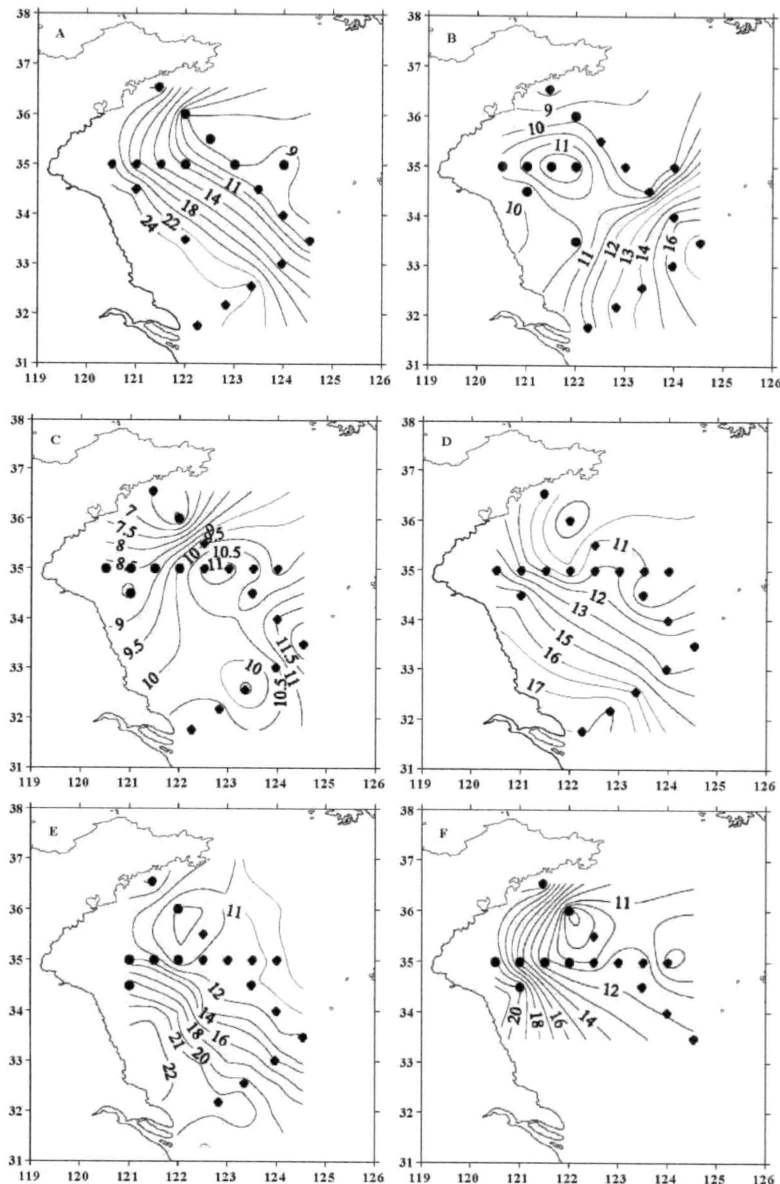


Fig. 2 Temperaturas de fundo (°C ) durante (A) setembro de 2006, (B) dezembro de 2007, (C) março de 2007, (D) maio de 2007, (E) junho de 2007, e (F) agosto de 2007. · representa as estações de amostragem.

Os transectos S1 e S3 atravessaram a zona marítima da YSCBW, pelo que foram selecionados para representar o perfil vertical de Chl *a* e temperatura (Fig. 3). Em dezembro de 2006 e março de 2007, a maior concentração de Chl *a* ocorreu nas estações perto da costa e nas camadas superiores da termoclina da água (Fig. 3C, D, E e F), e foi mais elevada em março do que em dezembro. Quando o YSCBW apareceu e se desenvolveu com maior intensidade de maio a setembro no Mar Amarelo, o Chl *a* diminuiu significativamente na área marítima do YSCBW, especialmente dentro da massa de água abaixo da termoclina (principalmente $< 0,3$ mg $m^{-3}$; Fig. 3A, B, I, J, K e L).

De acordo com Weng e Wang (1982), tanto a temperatura do fundo (isotérmica de fundo de 10 °C) como a concentração de Chl *a* ($< 0,3$ mg $m^{-3}$) foram geralmente consideradas para identificar o limite do YSCBW. Por conseguinte, com base nas Figs. 2 e 3, foi possível confirmar que S1-3, S1-4, S1-5, S1-6, S1-7, S3-2, S3-3, S3-4, S3-5, S3-6, S3-7 se situavam na zona marítima YSCBW em junho de 2007, e S1-2, S1-3, S1-4, S1-5, S1-6, S1-7, S3-3, S3-4, S3-5, S3-6, S3-7 em agosto de 2007, e S1-2, S1-3, S1-4, S1-5, S1-6, S1-7, S3-7 em setembro de 2006, respetivamente.

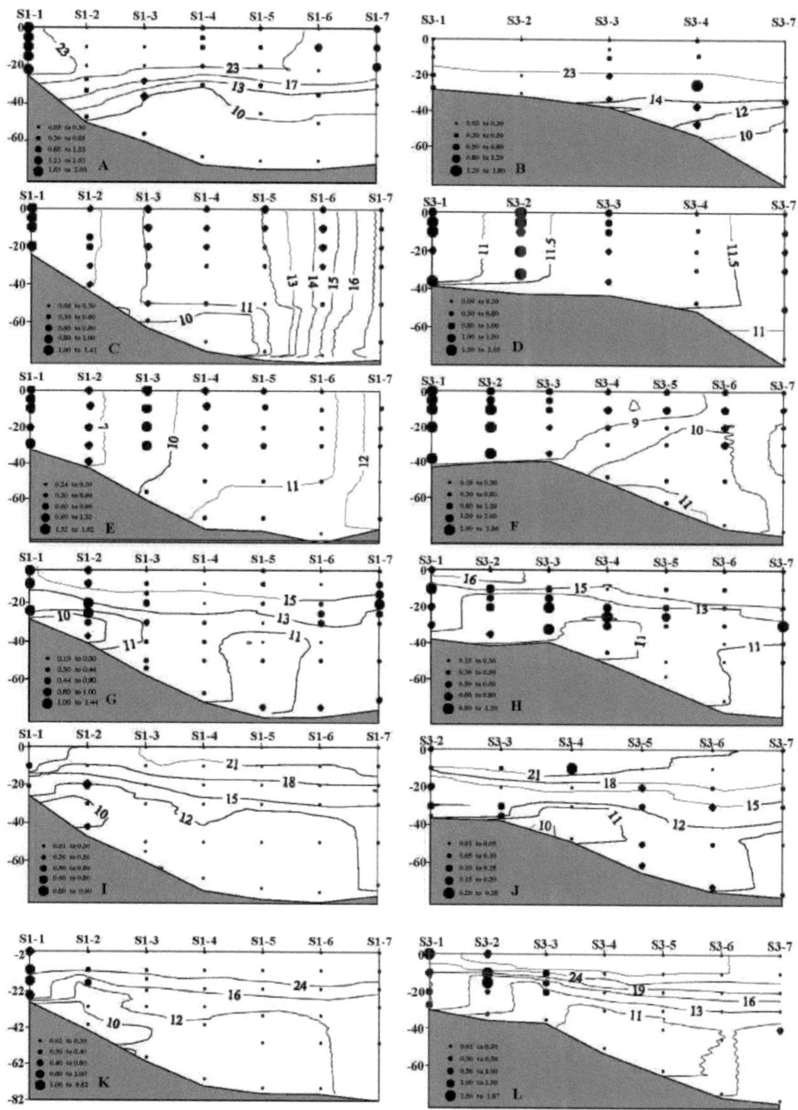


Fig. 3 Perfis verticais de clorofila *a* (mg m , mapa de postos classificados) e temperatura (°C , mapa de contornos) ao longo do transecto S1 (indicado na Fig. 1) durante (A) setembro de 2006, (C) dezembro de 2007, (E) março de 2007, (G) maio de 2007, (I) junho de 2007, (K) agosto de 2007; e ao longo do transecto S3 (indicado na Fig. 1) durante (B) setembro de 2006, (D) dezembro de 2007, (F) março de 2007, (H) maio de 2007, (J) junho de 2007, (L) agosto de 2007.

### 3.4.2 Composição taxonómica em diferentes grupos de tamanho

As espécies dominantes do zooplâncton líquido (taxa), exceto várias espécies em cada grupo de tamanho, foram semelhantes entre os seis cruzeiros (Tabela 1). *E. pacifica*, *Themisto gracilipes* e *S. nagae* foram as espécies dominantes no grupo maior, e *Salpa fusiformis* também dominou a estrutura da comunidade do grupo maior no verão. No grupo de 1-2 mm, *C. sinicus* foi o mais abundante, seguido de *T. gracilipes* e dos géneros *Sagitta*, e *Euchaeta plana* e *Enchaeta concinna* foram também dominantes no grupo de 1-2 mm no outono. A estrutura da comunidade zooplanctónica do grupo 0,5-1 mm é dominada pelo copepodito dos grandes copépodes, que se situa no grupo 1-2 mm, e pelos géneros *Centropages mcmurrichi, Paracalanus aculeatus, S. nagae, Sagitta crassa* e outros copépodes médios. Os pequenos copépodes, como *P. parvus*, *O. similis*, *Corycaeus affinis* e o apendicular *Oikopleura longicauda*, bem como os náuplios e copepoditos dos grandes copépodes, constituíram a maior parte da biomassa do grupo 0,25-0,5 mm. Os náuplios e os copepoditos dos pequenos e médios copépodes dos outros grupos foram absolutamente dominantes no grupo mais pequeno do zooplâncton.

**Quadro 1 Espécies (ou taxa) dominantes em cada grupo de zooplâncton fraccionado por tamanho no mar Amarelo**

| Zooplankton group | Dominant net-zooplankton species (or taxa) |
|---|---|
| ~ 2 mm | *Euphausia pacifica, Pseudeuphausia sinica, Pseudeuphausia latifrons, Themisto gracilipes, Acanthomysis longirostris, Acanthomysis sinensis, Sagitta nagae, Salpa fusiformis,Euphausia diomedeae, Leptochela gracilis, Gastrosaccus pelagicus* |
| 1–2 mm | *Calanus sinicus, Themisto gracilipes, Enchaeta plana, Enchaeta concinna, Labidocera euchaeta, Doliolum denticulatum, Sagitta nagae, Sagitta enflata, Sagitta crassa, Sagitta bedoti, Euphausia* larvae |
| 0.5–1 mm | *Sagitta nagae, Sagitta enflata, Sagitta crassa, Sagitta bedoti, Diphyes chamissonis, Acartia pacifica, Acartia bifilosa,Centropages mcmurrichi, Paracalanus aculeatus,* the copepodite of large copepods in 1–2 mm group |
| 0.25–0.5 mm | *Paracalanus parvus, Corycaeus affinis, Oithona similis, Oikopleura longicauda, planktonic larvae, Paracalanus crassirostris,* the nauplii and copepodites of large copepods in 1–2 mm and 0.5–1 mm group |
| 0.16–0.25 mm | mainly the nauplii and copepodites of copepods in other size-fractionated zooplankton groups |

### 3.4.3 Biomassa e propriedades de produção do zooplâncton fraccionado por tamanho

A biomassa média do zooplâncton líquido no Mar Amarelo atingiu o seu máximo em maio de 2007, com 84,03 mg DM $m^{-3}$, e o seu valor mais baixo em dezembro de 2006, com 21,83 mg DM $m^{-3}$ (Fig. 4A). Nos outros meses, a biomassa situou-se entre 27,17 e 42,34 mg DM $m^{-3}$ (Fig. 4A). A biomassa média anual do zooplâncton na zona de estudo foi de 41,02 mg DM $m^{3}$. A biomassa de todos os grupos de zooplâncton fraccionados por tamanho foi mais elevada em maio do que nos outros meses, enquanto que foi mais baixa em dezembro, exceto a biomassa mais baixa do grupo de tamanho mais pequeno em agosto. A seguir à biomassa mais elevada em maio, a biomassa dos grupos de ~2 mm e 1-2 mm foi mais elevada, por ordem, em agosto e setembro, enquanto a biomassa dos outros grupos de tamanho foi mais elevada, por ordem, em junho e setembro (Fig. 4A). A forte estratificação resultante do YSCBW afectou a distribuição da biomassa do zooplâncton fraccionada por tamanho. Quando a estratificação foi forte em junho, agosto e setembro, a biomassa do zooplâncton dos grupos ~2 mm e 1-2 mm foi mais elevada dentro da área marítima YSCBW do que fora da área, enquanto a biomassa do zooplâncton dos grupos 0,25-0,5 mm e 0,16-0,25 mm apresentou resultados contrários. O zooplâncton com mais de 1 mm constituiu a maior parte da biomassa total em maio e agosto, e o zooplâncton com menos de 0,5 mm contribuiu mais para a biomassa total em março e junho, enquanto a biomassa do grupo maior e do grupo mais pequeno contribuiu mais para a biomassa total em setembro e dezembro (Fig. 4).

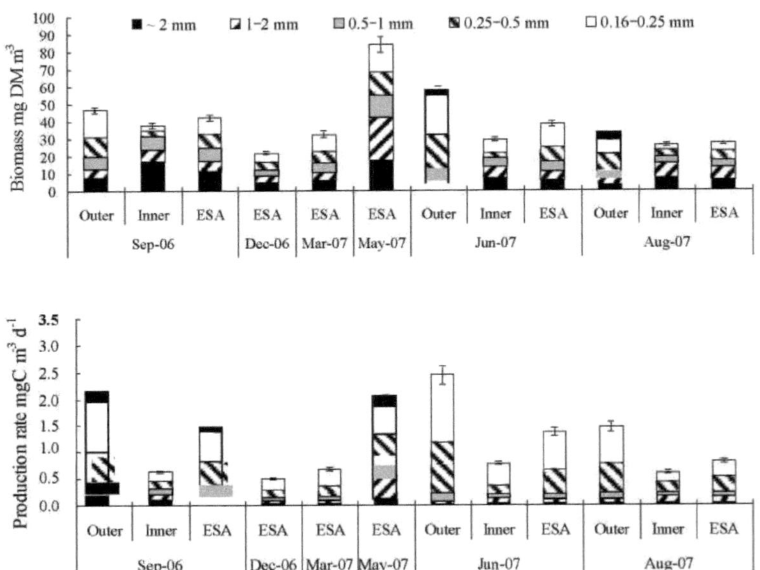


Fig. 4 Biomassa média do zooplâncton (A) e estimativa da taxa de zooplâncton (B) do zooplâncton fraccionado por tamanho para seis cruzeiros durante o período de setembro de 2006 a agosto de 2007. ESA expressou os valores médios de toda a área de estudo, e Outer e Inner expressaram os valores médios fora e dentro da área marítima YSCBW quando ocorreu em junho, agosto e setembro.

Com base na abundância e no peso seco de cada grupo de zooplâncton fraccionado por tamanho, foi possível obter o peso corporal médio individual para cada grupo de tamanho, o que foi muito importante para estimar a produção utilizando a equação de Ikeda-Motoda. No presente estudo, a média do peso corporal individual foi de 3,3~7,3 mg, 0,18~0,23 mg, 0,12~0,15 mg, 4,6~7,8 μg e 1,8~2,2 μg para os grupos ~2 mm, 1-2 mm, 0,5-1 mm, 0,25-0,5 mm e 0,16-0,25 mm, respetivamente, em todos os cruzeiros.

A taxa média de produção líquida de zooplâncton foi mais elevada em maio, com 1,97 mg C $m^{-3}$ $d^{-1}$, seguida, por ordem, de setembro, junho, agosto, março e dezembro, com 1,44, 1,37, 0,81, 0,67 e 0,51 mg C $m^{-3}$ $d^{-1}$, respetivamente (Fig. 4B). A produção dos grupos de 0,25-0,5 mm e 0,16-0,25 mm representou, em conjunto, 59-84 % da produção total ao longo do ano (Fig. 4B). Com base na estimativa das taxas de produção de seis meses, a produção média anual de zooplâncton da zona de estudo foi avaliada em 0,37 g C $m^{-3}$ $ano^{-1}$ no Mar Amarelo. A produção mais elevada do grupo 0,16-0,25 mm ocorreu em junho, e para os outros grupos de zooplâncton, a produção mais elevada atingiu o pico em maio. A produção de grupos de zooplâncton fraccionados por tamanho, exceto o grupo de maior tamanho, foi mais baixa em dezembro, enquanto a produção do grupo de maior tamanho foi mais baixa em junho. O YSCBW afectou a distribuição da produção de zooplâncton fraccionada por tamanho. Quando o YSCBW ocorreu em junho, agosto e setembro, os grupos de zooplâncton de ~2 mm e 1-2 mm tiveram a maior produção dentro da área marítima do YSCBW em comparação com a produção fora dela, enquanto que para os outros grupos de tamanho, a produção mostrou os resultados contrários.

A biomassa e a produção de todos os grupos de tamanho do zooplâncton foram mais elevadas nas estações localizadas na parte sul do Mar Amarelo em dezembro, devido à temperatura relativamente elevada da água intruduzida pelo YSWC (Fig. 2B e Fig. 3C). Em março, a maior biomassa e a produção estimada ocorreram na estação costeira, provavelmente devido à elevada concentração de Chl *a* (Fig. 3E) resultante de propriedades físicas complexas, especialmente para os pequenos grupos de zooplâncton.

### 3.5 Discussão

A comunidade zooplanctónica é complexa devido à diversidade funcional e à integridade ecológica do ecossistema, que inclui a maior parte dos modos tróficos e dos processos ecológicos (Rinaldo et al., 2002). Esta estrutura complexa da teia alimentar, bem como as propriedades complexas da água, limitam severamente o valor das estimativas individuais da biomassa e da taxa de produção. A análise da distribuição da biomassa por tamanho tem sido utilizada como uma abordagem ataxonómica para estudar a estrutura e a função do ecossistema pelágico (Platt, 1985; Quinones, 1994; Rodriguez, 1994). As taxas de crescimento e de metabolismo dependem muitas vezes do tamanho dos organismos (Peters, 1983) e cada indivíduo do ecossistema marinho pode ser classificado numa série de classes de tamanho, o que reduz a complexidade do sistema a um nível manejável (Quinones et al., 2003). O presente documento apresentou pela primeira vez a biomassa e as propriedades estimadas do zooplâncton fraccionado por tamanho do Mar Amarelo. O método fisiológico de Ikeda-Motoda (1978; 1985) utiliza alguns parâmetros facilmente mensuráveis, como a temperatura e a biomassa distribuída por tamanho, que não requerem muito trabalho e permitem estimativas rápidas da produção (Hirst e Sheader, 1997), mas a eficiência de assimilação de 0,7 e a eficiência bruta de crescimento de 0,3 podem ser baixas (Alldredge, 1984; Omori e Ikeda, 1984). Em comparação com o método da taxa de crescimento específica das espécies de zooplâncton in situ, que consome muito tempo e exige muito esforço, mesmo em condições em que as coortes são identificáveis (Hirst e Sheader, 1997), a taxa de produção estimada pelo método fisiológico de Ikeda-Motoda pode ser aproximada, mas os resultados obtidos com base em métodos fisiológicos continuam a ser úteis para compreender a distribuição sazonal e geográfica da produção de zooplâncton.

A biomassa média e a produção de zooplâncton foram mais elevadas em maio, devido ao rápido crescimento e regeneração de espécies dominantes, como *E. pacifica* no grupo de ~2 mm (Liu e Sun, 2002), *C. sinicus* no grupo de 1-2 mm (Liu e Sun, 2002; Zhang et al., 2005; Wang et al., 2009) e espécies de pequeno tamanho com vida curta noutros grupos de tamanho. A biomassa e a produção de zooplâncton do mar Amarelo foram mais baixas em dezembro, o que é um fenómeno comum em águas costeiras temperadas nos meses frios (Curl, 1962; Hulsizer, 1976), e foram semelhantes aos resultados da mesma latitude no mar interior do Japão (Uye e Shimazu, 1997). Embora a temperatura da coluna de água em março fosse inferior à de dezembro, a biomassa e a produção do zooplâncton foram superiores às de dezembro, provavelmente devido às complexas propriedades físicas do mar Amarelo em março. A biomassa e a produção relativamente baixas do zooplâncton em junho, agosto e setembro, em comparação com as de maio, foram causadas principalmente pela presença de YSCBW.

A distribuição geográfica da biomassa e da produção de cada grupo de zooplâncton fraccionado por tamanho variou em função das diferentes regiões hidrográficas e condições ambientais. Em março, as águas costeiras do Mar Amarelo apresentavam descontinuidades físicas, com frentes de maré, fortes correntes residuais de maré, remoinhos anti-horários e a massa de água fria de Qingdao, que se verificava nesta zona (Zhao et al., 1995; Zhang et al., 1996; Liu et al., 2003), onde as taxas de produção biológica podem ser elevadas (Mann, 1993). Estas propriedades físicas aumentaram a produção primária de fitoplâncton e, em seguida, a produção primária mais elevada aumentou o crescimento e a regeneração do zooplâncton de pequeno tamanho com um tempo de vida curto, tal como indicado por Liu et al. (2003) e por Wang e Zuo (2004). A massa de água fria teve um papel vital na distribuição da biomassa e da produção do zooplâncton de junho a setembro. As espécies mais dominantes nos grupos de zooplâncton de grande dimensão, como *E. pacifica* e *C. sinicus*, permaneceram dentro da massa de água fria para o período de sobre-verão sem migração vertical diurna (Sun, 2005; Sun e Zhang, 2005; Wang e Zuo, 2004), o que resultou numa maior biomassa e produção de grupos de ~2 mm e 1-2 mm dentro da área marítima da YSCBW do que fora da área. Enquanto o zooplâncton nos outros grupos de tamanho mostrou resultados contrários, porque as espécies de zooplâncton de tamanho pequeno residiam maioritariamente fora da zona marítima da YSCBW sob condições de temperatura relativamente mais elevadas. A biomassa e a produção de todos os grupos de zooplâncton fraccionados por tamanho foram mais elevadas na parte sul do Mar Amarelo em dezembro, devido à intrusão de temperatura relativamente elevada da YSWC. Por conseguinte, os resultados do presente estudo indicam que as propriedades físicas complexas do Mar Amarelo e os atributos ecológicos das espécies dominantes em cada grupo de zooplâncton fraccionado por tamanho resultam em padrões geográficos proeminentes e inatos de distribuição da biomassa e da produção.

Embora os grupos de zooplâncton de grandes dimensões sejam os que mais contribuem para a biomassa total, os grupos de zooplâncton de pequenas dimensões são os que mais contribuem para a produção secundária (Nielsen e Sabatini, 1996), devido ao seu curto período de vida, que leva a múltiplas gerações por ano (Park et al., 2004). Nielsen e Sabatini (1996) e Zervoudaki et al. (2007) referiram também que os pequenos copépodes contribuíam mais para a produção do que para a biomassa no Mar do Norte e na zona frontal do Mar Egeu, desempenhando papéis importantes. Assim, a taxa de rotação de cada grupo de zooplâncton fraccionado por tamanho foi muito importante para modelar as eficiências de transferência da produção de zooplâncton para níveis tróficos superiores.

Em resumo, a biomassa de zooplâncton e a produção estimada no Mar Amarelo situaram-se entre 21,83-84,03 mg DM $m^{-3}$ e 0,51-1,97 mg C $m^{-3}$ $d^{-1}$, respetivamente, durante o período de investigação, e a taxa de produção anual de zooplâncton foi de 0,37 g C $m^{-2}$ $ano^{-1}$. Os padrões de distribuição sazonal e geográfica da biomassa e da produção de zooplâncton fraccionado por tamanho foram fortemente influenciados pelas caraterísticas físicas complexas do Mar Amarelo, especialmente pelo YSCBW no verão e no outono. O presente trabalho foi o primeiro relatório sobre as propriedades da biomassa e da produção do zooplâncton líquido no Mar Amarelo e é útil para modelar a estrutura da teia alimentar do Mar Amarelo no futuro.

### 3.6 Referências


Alldredge, A.L., 1984. O significado quantitativo do zooplâncton gelatinoso como consumidor pelágico. In: Fasham, M.J.R. (Ed.), Flow of energy and materials in marine ecosystems: theory and practice. Plenum Press, Londres, pp. 407-433.

Banse, K., Mosher, S., 1980. Massa corporal adulta e relações anuais de produção/biomassa de populações de campo. Ecol. Monogr. 50, 355-379.Chen, B.Y., 1986. Um estudo preliminar sobre a fauna de copépodes planctónicos nos mares da China. Ata Oceanol. Sin. 5, 118-125.

Cheng, T., 1965. A estrutura das comunidades de zooplâncton e a sua variação sazonal no Mar Amarelo e no Mar da China Oriental. Oceanol. Limnol. Sin. 7, 99-204 (em chinês, com abstr. em inglês).

Cheng, T.C., Cheng, S.Y., 1962. On the ecology of the planktonic foraminifera of the Yellow Sea and the East China Sea. Oceanol. Limnol. Sin. 4, 60-85 (em chinês, com abstr. em inglês).

Choi, J.K, Noh, J.H., Shin, K.S., Hong, K.H., 1995. A distribuição no início do outono da clorofila *a* e da produtividade primária no Mar Amarelo, 1992. Mar Amarelo 1,

68-80.

Curl, H., Jr., 1962. Culturas permanentes de carbono, azoto e fósforo e transferência entre níveis tróficos, em águas da plataforma continental a sul de Nova Iorque. Rapp. P-v Reun. Cons. Perm. Int. Explor. Mer. 153, 183-189.

Hirst, A.G., Sheader, M, 1997. As taxas de crescimento específicas do peso *in situ* são independentes do tamanho do corpo nos copépodes planctónicos marinhos? Are-analysis of the global syntheses and a new empirical model. Mar. Ecol. Prog. Ser. 154, 155-165.

Hulsizer, E.E., 1976. Zooplâncton da Baía de Narragansett inferior. Chesapeake Sci. 17, 260-270.

Huntley, M.E., Lopez, M.D.G., 1992. Produção de copépodes marinhos dependente da temperatura: uma síntese global. Am. Nat. 140, 201-242.

Huo, Y.Z., Wang, S.W., Sun, S., Li, C.L., Liu, M.L., 2008. Alimentação e produção de ovos do copépode planctónico *Calanus sinicus* na primavera e no outono no Mar Amarelo, China. J. Plankton Res. 30, 723-734.

Ikeda, T., 1985. Taxas metabólicas do zooplâncton marinho epipelágico em função da massa corporal e da temperatura. Mar. Biol. 85, 1-11.

Ikeda, T., Motoda, S., 1978. Estimativa da produção de zooplâncton e da sua excreção de amoníaco no Kuroshio e mares adjacentes. Peixe. Bull. 76, 357-366.

Ikeda, T., Motoda, S., 1975. Uma abordagem para a estimativa da produção de zooplâncton no Kuroshio e regiões adjacentes. In: Morton. B. (Ed.), Simpósio especial sobre ciências marinhas. Pac Sci Assoc, Hong Kong, pp. 24-28.

Jacobs, G.A., Hur, H.B., Riedlinger, S.K., 2000. Resposta dos mares Amarelo e da China Oriental às correntes de vento e de areia. J. Geophys. Res. (C Oceans) 105 (C9), 21,947-21,968.

Joh, H., Uno, S., 1983. Zooplâncton em pé e sua produção estimada na Baía de Osaka. Bull. Plankton Soc. Jap. 30: 41-51 (Em japonês, com abstr. em inglês).

Kang, J.H., Kim, W.S., Jeong, H.J., Shin, K., Chang, M., 2007. Porque é que o copépode *Calanus sinicus* aumentou durante a década de 1990 no Mar Amarelo? Mar. Environ. Res. 63, 82-90.

Lin, C., Ning, X., Su, J., Lin, Y., Xu, B., 2005. Alterações ambientais e as respostas dos ecossistemas do Mar Amarelo durante 1976-2000. J. Mar. Syst.

55, 223-234.

Liu, G.M., Sun, S., Wang, H., Zhang, Y., Yang, B., Ji, P., 2003. Abundância de *Calanus sinicus* ao longo da frente de maré no Mar Amarelo, China. Fish Oceanogr. 12, 291298.

Liu, H.L., Sun, S., 2002. Estudo preliminar sobre o tamanho da ninhada, a eclodibilidade dos ovos e o desenvolvimento inicial de um *Euphausia pacifica* Hansen do Mar da China Oriental e do Mar Amarelo Meridional. Oceanol. Limnol. Sin. edição especial, 51-60 (em chinês, com abstr. em inglês).

Mann, K.H., 1993. Physical oceanography, food chains, and fish stocks: a review. ICES J. Mar. Sci. 50, 105-119.

Nielsen, T.G., Sabatini, M., 1996. Role of cyclopoid copepods *Oithona* spp. in North Sea plankton communities. Mar. Ecol. Prog. Ser. 139, 79-93.

Omori, M., Ikeda, T., 1984. Methods in marine zooplankton ecology. John Wiley and Sons, Nova Iorque.

Park, W., Sturdevant, M., Orsi, J., Wertheimer, A., Fergusson, E., Heard, W., e Shirley, T., 2004. Interannual abundance patterns of copepods during an ENSO event in Icy strait, southeastern Alaska. ICES J. Mar. Sci. 61, 464-477.

Parsons, T.R., Maita, Y., Lalli, G.M., 1984. A Manual of Chemical and Biological Methods for Seawater Analysis. Pergamon Press, pp. 101-122.

Peters, R.H., 1983. The ecological implications of body size. Cambridge University Press, Cambridge, 329 pp.

Platt, T., 1985. Estrutura do ecossistema marinho: A sua base alométrica. In: Ulanowicz, R.E., Platt, T. (Ed.), Ecosystem theory for biological oceanography. Can. Bull. Fish. Aquat. Sci. 213, 55-64.

Postel, L., Fock, H., Hagen, W., 2000. Biomassa e abundância. In: Harris, R.P., Wiebe, P.H., Lenz, J., Skjoldal, H.R., Huntley, M. (Ed.), ICES zooplankton methodology manual. Academic Press, Londres, pp. 83-94.

Pu, X.M., Sun, S., Yang, B., Ji, P., Zhang, Y.S., Zhang, F., 2004a. The combined effects of temperature and food supply on *Calanus sinicus* in the Southern Yellow Sea in summer. J. Plankton Res. 26, 1-9.

Pu, X.M., Sun, S., Yang, B., Zhang, G.T., Zhang, F., 2004b. Estratégias de história de vida de *Calanus sinicus* no Sul do Mar Amarelo no verão. J. Plankton Res. 26, 1059-1068.

Quinones, R.A., 1994. Um comentário sobre a utilização da alometria no estudo dos processos do ecossistema pelágico. Sci. Mar. 58, 11-16.

Quinones, R.A., Platt, T., Rodriguez, J., 2003. Padrões de espectros de tamanho de biomassa de águas oligotróficas do Atlântico Noroeste. Prog. Oceanogr. 57, 405-427.

Rinaldo, A., Maritan, A., Cavender-Bares, K.K., Chisholm, S.W., 2002. Dinâmica ecológica em várias escalas e espectros de tamanho microbiano em ecossistemas marinhos. Actas da Royal Society of Landon B. 269, 2051-2059.

Rodriguez, J., 1994. Alguns comentários sobre a análise estrutural do ecossistema pelágico baseada no tamanho. Sci. Mar. 58, 1-10.

Runge, J.A., Roff, J.C., 2000. A medição das taxas de crescimento e de reprodução. In: Harris, R.P., Wiebe., P.H., Lenz, J., Skjoldal, H.R., Huntley, M. (Ed.), ICES zooplankton methodology manual. Academic Press, Londres, pp. 401-407.

Son, S.H., Campbell, J., Dowell, M., Yoo, S., Noh, J., 2005. Primary production in the Yellow Sea determined by ocean color remote sensing. Mar. Ecol. Prog. Ser. 303, 91-103.

Su, Y., Weng, X., 1994. Massas de água nos mares da China. Em: Zhou, D., Liang, Y.B., Zeng, C.K. (Ed.), Oceanology of China Seas vol. 1 (C), Dordrecht/Boston/Londres, Kluwer Academic Publishers, pp. 3-26.

Sun, S., 2005. Estratégia de sobre-verão de *Calanus sinicus*. Boletim Informativo GLOBEC. 11, 1, 34.

Sun, S., Huo, Y.Z., Yang, B., 2010. Grupos funcionais do zooplâncton na plataforma continental do mar amarelo. Investigação em águas profundas II. 57, 1006-1016.

Sun, S., Zhang, G.T., 2005. Estratégia de sobre-verão de *Calanus sinicus*. Boletim Informativo do IGBP. 62, 12-13.

Teague, W.J., Jacobs, G.A., 2000. Observações actuais sobre o desenvolvimento do Corrente quente do Mar Amarelo. J. Geophys. Res. (C Oceans) 105 (C2), 3401-3411.

Uye, S. Kuwata, H., Endo, T., 1987. Stock permanente e taxas de produção de fitoplâncton e copépodes planctónicos no mar interior do Japão. J. Oceanogr. Soc. Jap. 42: 421-434.

Uye, S., Shimazu, T., 1997. Variações geográficas e sazonais da abundância, biomassa e taxas de produção estimadas do meso e macrozooplâncton no mar interior do Japão. J. Oceanogr. 53, 529-538.

Wang, R., Wang, K., 2003. Teste de campo das capacidades de captura de duas redes de plâncton. J. Fish. China 27, 98-102. (Em chinês, com abstr. em inglês).

Wang, R., Zuo, T., 2004. A Corrente Quente do Mar Amarelo e a Água Fria de Fundo do Mar Amarelo, o seu impacto na distribuição do zooplâncton no Sul do Mar Amarelo. J. Soc. Oceanogr. Korean 39, 1-13.

Wang, R., Zuo, T., Wang, K., 2003. A Água Fria de Fundo do Mar Amarelo - um local de verão excessivo para *Calanus sinicus* (Copepoda, Crustacea). J. Plankton Res. 25, 169-183.

Wang, S. W., Li, C.L., Sun, S., Ning, X.R., Zhang, W.C., 2009. Reprodução na primavera e no outono de *Calanus sinicus* no Mar Amarelo. Mar. Ecol. Prog. Ser. 379, 123-133.

Weng, X., Wang, C., 1982. Determinação do limite e da gama de temperatura e salinidade da Massa de Água Fria do Mar Amarelo (em chinês, com abstr. em inglês). In: Anon (Ed.), Hydrometeology. Sociedade Chinesa de Oceanologia e Ciência Limnológica, Pequim, pp. 61-70.

Wu, Y., Guo, Y., Zhang, Y., 1995. Caraterísticas de distribuição da clorofila *a* e da produtividade primária no Mar Amarelo. Yellow Sea 1, 81-92.

Yoo, S., Shin, K., 1995. Propriedades da produtividade primária na região próxima da costa da Península de Taean. Ocean Res. 17, 91-99.

Zervoudaki, S., Christou, E.D., Nielsen, T.G., Siokou-Frangou, I., Assimakopoulou, G., Giannakourou, A., Maar, M., Pagou, K., Krasakopoulou, E., Christaki, U., Moraitou-Apostolopoulou, M., 2007. The importance of small-sized copepods in a frontal area of the Aegean Sea. J. Plankton Res. 29, 317-338.

Zhang, G.T., Sun, S., Yang, B., 2007. Reprodução estival do copépode planctónico *Calanus sinicus* no Mar Amarelo: influências da elevada superfície temperatura e água fria do fundo. J. Plankton Res. 29, 179-186.

Zhang, G.T., Sun, S., Zhang, F., 2005. Variação sazonal das taxas de reprodução e do tamanho do corpo de *Calanus sinicus* no Sul do Mar Amarelo, China. J. Plankton Res. 27, 135-143.

Zhang, Q.L., Weng, X.C., e Yang, Y.L., 1996. Análise das massas de água no sul do Mar Amarelo na primavera. Oceanol. Limnol. Sin. 27, 421-428 (Em chinês, com Abstr. em inglês).

Zhao, B.R., Fang, G.H., Cao, D.M., 1995. Caraterísticas das correntes residuais de maré e suas relações com os transportes de correntes costeiras no mar de BoHai, no mar Amarelo e no mar da China Oriental. Stud. Mar. Sin. 36, 1-11 (em chinês, com abstr. em inglês).

Zuo, T., Wang, R., Chen, Y.Q., Gao, S.W., Wang, K., 2006. Autumn net copepod abundance and assemblages in relation to water masses on the continental shelf of the Yellow Sea and East China Sea. J. Mar. Syst. 59, 159-172.

# CAPÍTULO 4

## 4. Alimentação e produção de ovos de *Calanus sinicus* na primavera e no outono no mar Amarelo

### 4.1 Resumo

Foram efectuadas incubações a bordo de navios na primavera (abril) e no outono (outubro/novembro) de 2006 para medir as taxas de alimentação e de produção de ovos (EPR) de *Calanus sinicus* no Mar Amarelo, China. A taxa de ingestão (2,08-11,46 e 0,263,70 µgC fêmea$^{-1}$ d$^{-1}$ na primavera e no outono, respetivamente) foi positivamente correlacionada com as concentrações de carbono do microplâncton. Na parte norte do mar Amarelo, a alimentação com microplâncton cobre facilmente as necessidades respiratórias e de produção, ao passo que na parte sul, na primavera, e na zona frontal, no outono, *o C. sinicus* tem de ingerir fontes alimentares alternativas. As baixas taxas de ingestão, a ausência de produção de ovos e a dominância do quinto estádio de copepodito (CV) indicaram que *C. sinicus* se encontrava em quiescência na zona das águas frias de fundo do mar Amarelo (*YSCBW*) no outono. *C. sinicus* ingeriu ciliados preferencialmente em relação a outros componentes do microplâncton. A EPR (0,16-12,6 ovos fêmea$^{-1}$ d$^{-1}$ na primavera e 11,4 ovos fêmea$^{-1}$ d$^{-1}$ numa única estação no outono) aumentou com a população de ciliados. A eficiência bruta de crescimento (GGE) foi de 13,4% (3-39%) na primavera, o que foi correlacionado com a proporção de ciliados na dieta. Estes resultados indicam que os ciliados têm uma qualidade nutritiva superior à de outros alimentos, mas o baixo GGE indica que a dieta de *C. sinicus* é nutricionalmente incompleta.

*Palavras-chave*: *Calanus sinicus*, taxa de produção de ovos, alimentação, taxa de ingestão, Mar Amarelo

### 4.2 Introdução

Os copépodes dominam o mesozooplâncton nos oceanos e desempenham um papel fundamental na transferência da produção primária para os níveis tróficos superiores em todos os ecossistemas pelágicos marinhos (Verity e Smetacek, 1996). O conhecimento das taxas de produção e de pastoreio é crucial para compreender o fluxo de carbono e de nutrientes através da cadeia alimentar

(Satapoomin *et al.*, 2004). No Mar Amarelo e no Mar da China Oriental, Li *et al.* (2002) comunicaram as taxas de pastagem dos copépodes planctónicos no outono de 2000 e na primavera de 2001. Mostraram que proporções significativas (84% e 67%, respetivamente) do carbono total ingerido por pequenos copépodes (< 500 μm) provinham do fitoplâncton, enquanto que apenas pequenas proporções de fitoplâncton eram consumidas por grandes copépodes (> 1000 μm). Nestas águas, Zhang *et al.* (2006) verificaram que 31-50% do stock de Chl *a* e 81-179% da produção de Chl *a* eram consumidos por dia pelo microzooplâncton na primavera e no verão. Estas caraterísticas sugerem que uma comunidade ativa de pequenos organismos recicla uma grande parte da produção fitoplanctónica em teias alimentares microbianas (Bradford Grieve *et al.*, 1999) e que o carbono fitoplanctónico ingerido por grandes copépodes (> 1000 μm) não consegue satisfazer as suas necessidades metabólicas e de produção. Isto implica que as fontes alimentares micro-heterotróficas (principalmente ciliados) podem ser importantes para sustentar as populações de grandes copépodes (Zeldis *et al.*, 2002).

A importância dos copépodes calanóides nas teias alimentares marinhas e nas transformações geoquímicas que governam o destino do carbono no oceano superior estimulou uma investigação considerável sobre o comportamento de forrageamento, as taxas de alimentação e as dietas destes animais (Kleppel *et al.*, 1996, e referências citadas). *O Calanus sinicus* é uma espécie de copépode calanóide de grande dimensão, ecologicamente importante, que se encontra nas águas da plataforma continental da China, Japão e Coreia e que representa até 80% da biomassa total de zooplâncton no Mar Amarelo e no Mar da China Oriental (Chen, 1964). No Mar Amarelo, os estudos anteriores sobre *C. sinicus* centraram-se sobretudo nas estratégias de história de vida no verão (Sun *et al.*, 2002; Wang *et al.*, 2003; Pu *et al.*, 2004a, b) e nas variações sazonais das taxas de reprodução (Zhang *et al.*, 2005; Wang *et al.*, dados não publicados). Li *et al.* (2004) referiram que a ração diária de *C. sinicus* era de 2,8% do C corporal $d^{-1}$ pastando em fitoplâncton, o que não satisfaz as suas necessidades metabólicas no verão. Utilizando o método do índice de herbivoria, Zhang *et al.* (2006) mostraram que 17,5% e 51,2% do carbono não fitoplanctónico constituía a dieta de *C. sinicus* na primavera e no outono no Mar de Bohai, que é adjacente ao Mar Amarelo. Em contrapartida, Uye e Murase (1997) referem que o microzooplâncton não é um alimento importante para as fêmeas de *C. sinicus* na primavera (de abril a junho) no mar interior do Japão. No entanto, a importância relativa de diferentes itens alimentares, especialmente ciliados, na dieta natural de *C. sinicus*, e a contribuição direta desta presa para a produção de ovos, permanecem incertas.

Os objectivos deste estudo foram investigar a composição da dieta de populações naturais de *C. sinicus*, juntamente com medições de seletividade, para determinar a relação entre a alimentação (especialmente em ciliados) e a produção de ovos. Estas investigações ajudam a compreender melhor a variabilidade da produção de *C. sinicus* e o papel desta espécie na transferência de material e energia entre os níveis tróficos do ecossistema do Mar Amarelo.

## 4.3 Método e materiais

As experiências foram realizadas a bordo do R.V. _*Bei-Dou*' durante dois cruzeiros no Mar Amarelo na primavera (11-29 de abril) e no outono (17 de outubro-3 de novembro) de 2006. A Fig. 1 mostra a localização de 6 e 5 estações experimentais na primavera e no outono, respetivamente. Em cada estação, foram registados perfis verticais de temperatura e salinidade com um instrumento CTD Sea-Bird (SBE 25). As amostras de água do mar para a medição da clorofila *a* (Chl *a*) foram recolhidas nas profundidades de 0, 10, 20, 30, 50 m e perto do fundo. Estas amostras foram filtradas em filtros de fibra de vidro GF/F, extraídas com acetona aquosa a 90% e a concentração de Chl *a* determinada fluorometricamente (Parsons *et al.*, 1984) utilizando um fluorómetro Turner Designs.

O zooplâncton foi amostrado com dois tipos de redes cónicas de plâncton (0,8 m de diâmetro de boca, 500 µm de malhagem e 0,5 m de diâmetro de boca, 160 µm de malhagem), que foram rebocadas verticalmente desde perto do fundo da coluna de água até à superfície do mar. As amostras foram conservadas em solução de água do mar com formalina neutralizada a 5%. No laboratório, as amostras foram divididas em subamostras de 1/2 a 1/5 com um separador Folsom e foram contados 500-1000 indivíduos de *C. sinicus* de cada amostra sob um microscópio de dissecação.

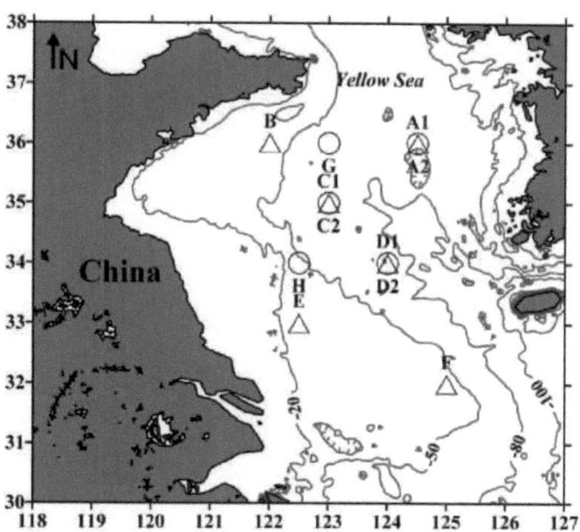


Fig. 1. Mapa da área de estudo e localizações das estações experimentais no Mar Amarelo para a primavera (△) e o outono (o).

### 4.3.1 Experiências de alimentação

Os *C. sinicus* para incubação a bordo foram recolhidos com uma rede de plâncton de 500 µm rebocada verticalmente a partir de 2 m acima do fundo do mar até à superfície do mar. O conteúdo da cuada foi cuidadosamente vertido para um recipiente isolado e só foram utilizadas fêmeas adultas saudáveis para as experiências. A água do mar para as experiências foi recolhida do máximo de Chl *a* (10 m de profundidade na primavera e 30 m de profundidade no outono) com um amostrador de aço de 59 L e foi cuidadosamente transferida para um balde de policarbonato de 20 L através de tubos com uma malha de 200 µm numa extremidade. As fêmeas de *C. sinicus* para as experiências foram colocadas em garrafas de policarbonato de 1,3 L cheias de água do mar bem misturada. Foram incubados 9, 12 ou 15 indivíduos em cada garrafa para determinar a taxa de ingestão. A concentração de N e P excretada pelos copépodes nas garrafas era superior às concentrações iniciais de nutrientes, o que poderia ter contribuído para aumentar o crescimento do fitoplâncton nestas garrafas (Zhang *et al.*, 2006). Assim, uma mistura de nutrientes (10 µM $NaNO_3$, 10 µM $Na_2SiO_3$, 1 µM $NaH_2PO_4$) foi adicionada a todas as garrafas para anular a diferença na excreção de *C. sinicus* entre os tratamentos (Calbet e Landry, 1999).

6 réplicas e 6 garrafas de controlo foram incubadas no escuro à mesma temperatura que a água

de onde foram recolhidas. Os frascos foram invertidos suavemente de 4 em 4 horas durante as incubações. No final das experiências, as amostras foram verificadas quanto à presença de indivíduos mortos, mas não foram encontrados nenhuns. Os copépodes foram peneirados e depois enxaguados com água destilada em filtros de vidro (Whatman GF/F) pré-pesados e pré-combustão (450°C) e secos de um dia para o outro a 60°C para determinar o teor de C corporal e de peso de C. *sinicus*, que foi medido com um analisador elementar (P-E 240 C). Foram colhidas três amostras de 800 ml de água do mar no início e no fim das experiências para determinar a abundância de microplâncton. Após 12 h, 3 de 6 réplicas e 3 de 6 controlos foram terminados e foram retirados 800 ml de água do mar de cada garrafa e as outras incubações foram amostradas às 24 h. Todas as amostras foram preservadas com iodo ácido de Lugol (1% de concentração final) para contagem de potenciais presas.

A identificação e a contagem do microplâncton foram efectuadas depois de as amostras terem sido submetidas a uma sedimentação nocturna. Utilizando um microscópio Zeiss, foram contadas mais de 1000 células de microplâncton por amostra. O tamanho do microplâncton foi expresso em ESD (diâmetro equivalente da esfera). Os volumes das células foram estimados a partir das dimensões do liner utilizando fórmulas volumétricas simples e convertidos em carbono de acordo com Strathmann (1967) para as diatomáceas, Menden-Deuer e Lessard (2000) para os dinoflagelados, Putt e Stoecker (1989) para os ciliados nus, Verity e Langdon (1984) para os tintinídeos e Mullin (1969) para outros grupos de microplâncton. As taxas de filtração e de ingestão nas incubações foram calculadas de acordo com a equação de Frost (1972) para os taxa que apresentavam uma diferença significativa de abundância entre os frascos de controlo e os frascos de incubação. O "método geral" proposto por Nejstgaard *et al.* (2001) foi utilizado para corrigir a distorção causada pela pressão de pastoreio do microzooplâncton, que supera as taxas de pastoreio dos copépodes nos alimentos mais pequenos das garrafas de incubação. Infelizmente, as experiências de diluição (Landry e Hassett, 1982) não foram efectuadas simultaneamente com a incubação em garrafa em cada estação. Neste estudo, foi utilizado o coeficiente de pastagem do microzooplâncton no Mar Amarelo ($_{gmic}$ = 0,66 $d^{-1)}$ (Zhang *et al.*, 2006).

As taxas de ingestão foram comparadas com as necessidades de respiração *de C. sinicus* estimadas por Ikeda (Ikeda, 1985), após correção das perdas por ejeção (Landry *et al.*, 1984), para comparar a ingestão de alimentos com as necessidades metabólicas e de produção. A seleção de grupos/espécies específicas de microplâncton foi quantificada utilizando o índice de seletividade, *E*, proposto por Ivlev (1961) e modificado por Cotonnec *et al.* (2001):

$E$ = (ri - pi) / (ri + pi),

em que ri é a proporção relativa de um grupo/espécie de microplâncton na dieta de *C. sinicus* e pi é a proporção relativa do mesmo grupo/espécie no ambiente. Assim, -0,25 < *E* < +0,25 indica uma alimentação não selectiva, *E* > +0,25 indica uma preferência e *E* < -0,25 indica uma discriminação contra determinadas presas.

### 4.3.2 Taxas de produção de ovos

As taxas de produção de ovos de *C. sinicus* foram medidas em sincronia com as experiências de alimentação em cada estação. Foram utilizadas garrafas de plástico (350 ml) divididas com uma rede de 330 µm no fundo para evitar o canibalismo. Cinco fêmeas adultas foram incubadas numa garrafa de plástico cheia de água do mar filtrada a 70 µm e foram utilizadas cinco réplicas em cada experiência. Todas as garrafas foram incubadas no escuro. Foram contados os ovos gerados durante as primeiras 24 horas. A temperatura na incubadora foi regulada de modo a igualar a temperatura das experiências de alimentação. O diâmetro de 30-50 ovos foi medido ao microscópio. O teor de carbono dos ovos foi estimado a partir do volume dos ovos, assumindo um fator de conversão de 0,14 pg C $\mu m^{-3}$ (Ki0rboe *et al.*, 1985; Huntley e Lopez, 1992).

### 4.3.3 Análise dos dados

Todas as análises estatísticas foram realizadas pelo software SPSS (v.13.0 SPSS Inc.). As taxas de ingestão de *C. sinicus* e as caraterísticas das fêmeas e dos ovos durante os períodos do estudo foram comparadas por ANOVA de uma via (teste post-hoc de Scheffd). As relações entre as taxas de ingestão e as taxas de produção de ovos de *C. sinicus* foram efectuadas por regressão simples.

## 4.4 Resultados

### 4.4.1 Condições hidrográficas

A Fig. 2 mostra os perfis de profundidade da temperatura, salinidade e Chl *a* nas estações experimentais durante os cruzeiros da primavera e do outono. Na primavera, a coluna de água estava misturada verticalmente, exceto na estação mais superficial (B), onde a termoclina ocorreu entre 23 e 24 m. A temperatura à superfície variou entre 7,6 e 12,0°C e a salinidade entre 31,5 e 34,2. Nas estações A1 e C1, a concentração mais elevada de Chl *a* ocorreu a 10 m de profundidade (11,89 mgm$^{-3}$) e na água superficial (5,83 mgm$^{-3}$), respetivamente, tendo depois diminuído significativamente com a profundidade. O valor máximo de Chl *a* variou entre 1,28 e 2,27 mg m$^{-3}$ noutras estações e variou pouco com a profundidade. Durante o período de estudo no outono, a presença da Água Fria de Fundo do Mar Amarelo (YSCBW) resultante da estratificação foi aparente e a termoclina sazonal localizada entre 30 e 50 m de profundidade. As temperaturas à superfície situavam-se na gama de ca.

20.0-22.7°C , e as temperaturas do fundo eram ca. 8,0-9,6°C (exceto a estação H, a 14.8°C ). A concentração de Chl *a* foi significativamente mais baixa do que na primavera, com valores máximos localizados a 30 m em todas as estações.

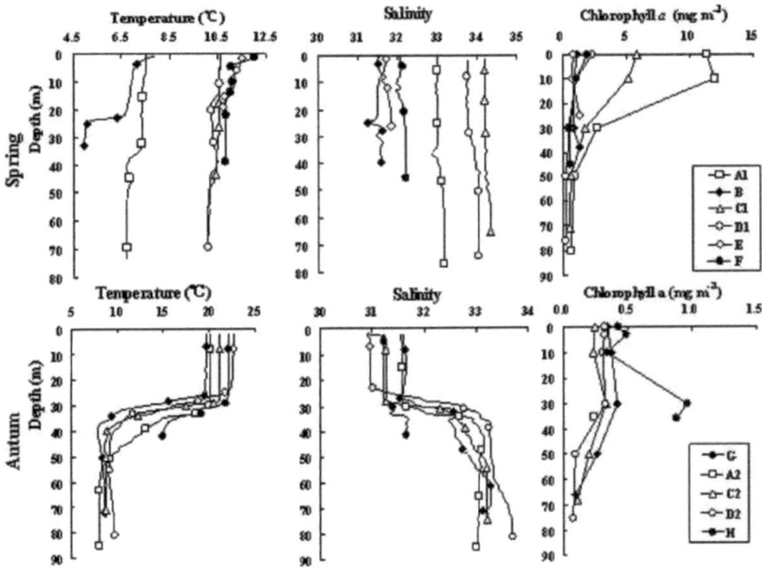


Fig. 2. Perfis de profundidade dos parâmetros físicos e biológicos em diferentes estações experimentais na primavera e no outono.

### *4.4.2* Ambientes de alimentação

A composição inicial e a biomassa do microplâncton diferiram substancialmente durante os dois cruzeiros e entre estações (Fig. 3). Durante a primavera, a biomassa do microplâncton variou entre 14,0 e 271,8 mg C $m^{-3}$. Na estação A1, as diatomáceas (*Skeletonema costatum* 5.8 µm, *Thalasiosira* spp. 6.5-15.3 µm) dominaram a comunidade microplanctónica e os dinoflagelados e ciliados foram menos importantes do que nas outras estações. Nas outras estações, apesar das diferenças de biomassa, as espécies dominantes eram semelhantes. *Rhizosolenia stolterforthii* (17,0 µm), *Thalasiosira* spp., *Guinardia flaccida* (7,3 µm) e *S. costatum* foram as espécies de diatomáceas dominantes. Os dinoflagelados dominantes foram *Prorocentrum minimum* (7,1 µm), *Gymnodinium* spp. (6,75-7,88 µm), *Gonyaulax* sp. (19,2 µm) e *Alexandrium tamarense* (16,4 µm). Os ciliados mais comuns foram *Laboea strobila* (27,5 µm), *Strombidium* sp. (22,8 µm), *Mesodinium nobrum* (15,5 µm) e duas outras espécies de ciliados não identificadas (6,45 e 14,5 µm).

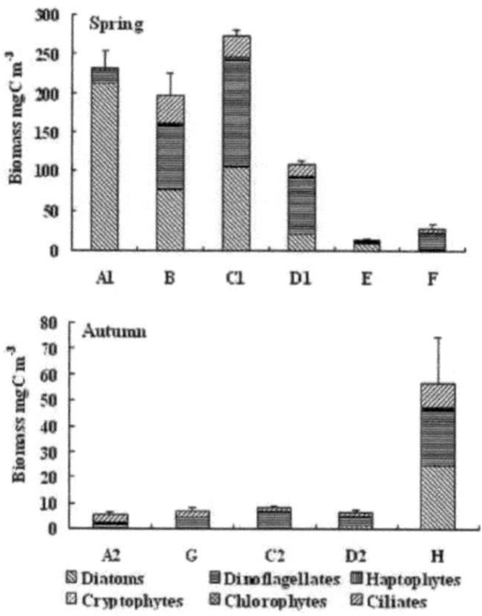


Fig. 3. Composição inicial e concentração (± SD) de diferentes grupos de microplâncton em diferentes estações experimentais na primavera e no outono.

Durante o outono, a biomassa total de microplâncton excedeu 50 mg C m 3 na estação H, mas foi inferior a 10 mg C m 3 nas outras estações. Os dinoflagelados e os ciliados dominaram a biomassa, exceto na estação H, onde as diatomáceas contribuíram com cerca de 24,6 mg C $m^{-3}$ do carbono microplanctónico. Em todas as estações, *Bacteriastrum hyalinum* (10,4 µm), *Chaetoceros curvisetus*

(6,6 µm), *Ditylum brightwelli* (52,7 µm), *Corethron hystrix* (26,4 µm), *Gyrodinium* spp. (4,7-14,2 µm), e dois pequenos dinoflagelados não identificados (6,6 e 9,1 µm) foram as espécies dominantes, contribuindo mais para a biomassa de diatomáceas e dinoflagelados. *L. strobila* desapareceu e a biomassa de outras espécies de ciliados diminuiu drasticamente para 1,2-9,3 mg C $m^{-3}$.

### *4.4.3* Abundância e composição por fases de *C. sinicus*

A Fig. 4 mostra a abundância e a composição dos estádios de *C. sinicus*. Os náuplios e os copepoditos I-IV foram os estádios de desenvolvimento dominantes em todas as estações durante a primavera e na estação H durante o outono. No entanto, o quinto estádio de copepodito (CV) e as fêmeas adultas dominaram as populações nas outras estações no outono.

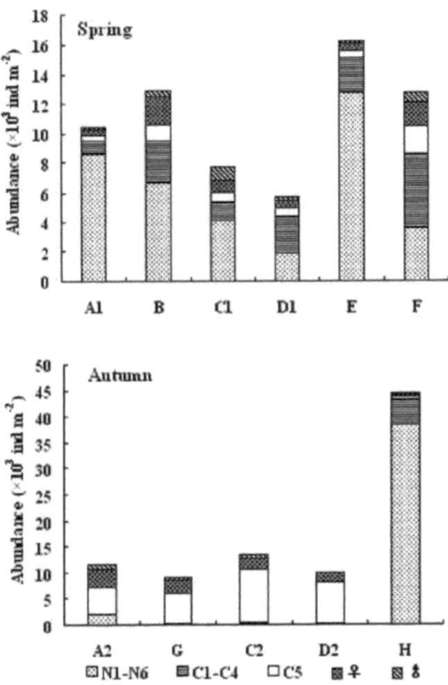


Fig. 4. Composição dos estádios de desenvolvimento de *Calanus sinicus* em diferentes estações experimentais na primavera e no outono.

### 4.4.4 Ingestão e seleção das presas

A ingestão de presas C de *C. sinicus* no intervalo de 0-12 h e ao longo de 24 h em diferentes estações após a correção é apresentada na Fig. 5. Nas estações A1, B e C1 na primavera, após as 24 h de incubação, a diminuição média da concentração total de C das presas foi de 38-46% (33-51%

para as diatomáceas, 11-51% para os dinoflagelados e 55-66% para os ciliados) e a biomassa de microplâncton que permaneceu foi de 106,7-168,6 μg C $L^{-1}$, o que é suficiente para fornecer alimento suficiente para *C. sinicus*. Assim, as taxas de ingestão de 11,30, 10,06 e 11,46 μg C $fêmea^{-1}$ $d^{-1}$, baseadas nas 24 h de incubação, devem estar próximas das taxas de ingestão reais nas assembleias naturais de microplâncton nas estações A1, B e C1. A presa C ingerida por *C. sinicus* ao longo de 12 h e 24 h de incubação foi de 6,74 e 7,58 μg C $fêmea^{-1}$, respetivamente, na estação D1, o que significa que ocorreu pouca observação da rede no intervalo de 12-24 h; isto deveu-se provavelmente ao facto de ter restado pouca biomassa de presa após 12 h (*cerca de* 30% da concentração inicial). Os 6,74 μg C $fêmea^{-1}$ no primeiro intervalo de 12 h foram semelhantes aos 6,92-7,23 μg C $fêmea^{-1}$ ingeridos por *C. sinicus* no intervalo de 0-12 h nas estações A1, B e C1. Assim, na biomassa constante e relativamente elevada das assembleias naturais de microplâncton (107,2 mg C $m^{-3}$) da estação D1, a taxa de ingestão de *C. sinicus* seria provavelmente semelhante à das outras três estações. A taxa de ingestão de 9,98 μg C $fêmea^{-1}$ $d^{-1}$ (média das taxas de ingestão nas estações A1, B e C1) foi considerada como a verdadeira taxa de ingestão de *C. sinicus* na estação D1. Nas outras estações da primavera e em todas as estações do outono, com uma biomassa microplanctónica inicial baixa (5,40-54,69 mg C $m^{-3}$), a ingestão de C das presas determinada no intervalo de 12-24 h foi muito baixa, ou mesmo negativa, o que indica que houve pouca pastagem líquida no segundo intervalo de 12 h; isto sugere que houve um desvio apreciável relacionado com o momento da amostragem ou com a densidade relativamente elevada de copépodes nas garrafas (ver Discussão). Por este facto, as taxas de ingestão foram estimadas utilizando os resultados da incubação de 0-12 h para *C. sinicus* nestas estações (Quadro I).

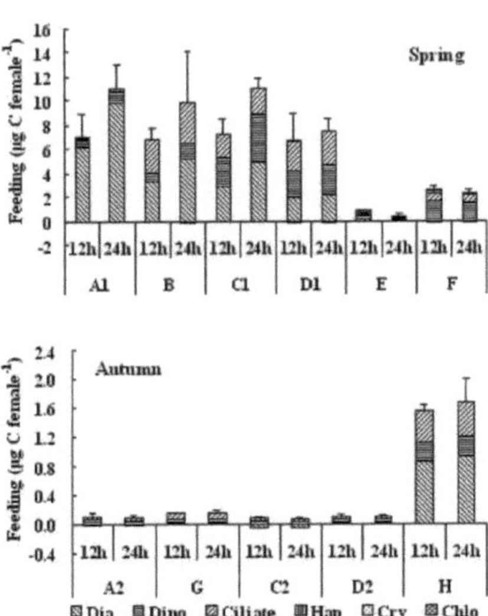


Fig. 5. Ingestão de carbono de presas (μg C fêmea [1]) por *Calanus sinicus* no período 0-12 h e durante 24 horas de incubação na primavera e no outono.

**Tabela I. Ingestão, respiração e carbono ingerido disponível para a reprodução de *Calanus sinicus* que se alimentam de microplâncton na primavera e no outono.**

| Time | Station | Ingestion | | Respiration | % respiratory[a] | C for reproduction[b] |
|---|---|---|---|---|---|---|
| | | (μgC female$^{-1}$ d$^{-1}$) | (% body C d$^{-1}$) | ( % body C d$^{-1}$) | demards met | (% body C) |
| 11-29th | A1 | 11.30 | 13.0 | 5.0 | 261 | 5.4 |
| Apr | B | 10.06 | 9.2 | 4.6 | 200 | 2.7 |
| 2006 | C1 | 11.46 | 11.6 | 5.9 | 195 | 3.3 |
| | D1 | 9.98 | 11.2 | 6.0 | 187 | 3.0 |
| | E | 2.08 | 2.0 | 6.2 | 33 | -4.6 |
| | F | 5.30 | 5.8 | 6.2 | 93 | -1.6 |
| 17th Oct | A2 | 0.33 | 0.4 | 6.0 | 7 | -5.7 |
| - | G | 0.56 | 0.7 | 5.6 | 13 | -5.0 |
| 3th Nov | C2 | 0.26 | 0.3 | 5.9 | 6 | -5.6 |
| 2006 | D2 | 0.43 | 0.6 | 6.0 | 10 | -5.6 |
| | H | 3.70 | 4.9 | 9.1 | 53 | -5.2 |

[a] _% de respiração exigida' é a ingestão (em % do C corporal d [1])/respiração (em % do C corporal d$^{-1}$) × 100.

[b] _C para o crescimento é a ingestão [em % do Cd corporal [1]] × 0,8 - respiração [em % do C d corporal [1]], em que 0,8 corresponde à proporção não ingerida.

A ingestão por *C. sinicus* foi muito baixa para três dos seis grupos de microplâncton (haptofitos, criptofitos e clorófitos; Fig. 5), provavelmente devido ao pequeno tamanho das partículas e à baixa biomassa em comparação com os outros grupos. Na estação E, na primavera, a taxa de ingestão de diatomáceas foi estatisticamente negativa, o que indica que houve pouco pastoreio líquido durante 24 horas e que existiu um efeito de cascata (Fig. 5; ver discussão). Em todas as estações, os ciliados contribuíram com 1,55-36,17% e 15,10-33,09% para a ingestão de carbono de *C. sinicus* durante a primavera e o outono, respetivamente. A taxa de ingestão *de C. sinicus* foi significativamente maior nas estações do norte (A1-D1) do que nas estações do sul (E e F) na primavera ($p < 0,01$), enquanto no outono a taxa de ingestão na estação H foi significativamente maior do que nas outras estações ($p < 0,01$). Em geral, a taxa de ingestão de microplâncton por *C. sinicus* foi mais elevada na primavera do que no outono. As taxas de ingestão foram significativamente correlacionadas com as concentrações iniciais de carbono de microplâncton, diatomáceas, dinoflagelados e ciliados para todos os conjuntos de dados ($p < 0,05$, não mostrado). Em geral, as taxas de ingestão de ciliados foram positivamente correlacionadas com as concentrações iniciais de carbono de ciliados (Fig. 6A).

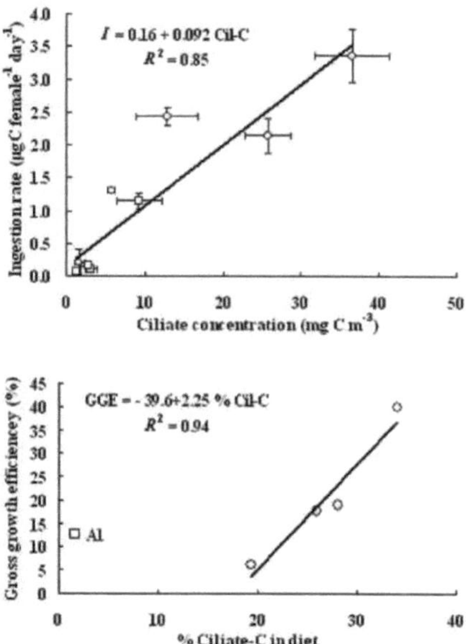


Fig. 6. (A) Taxas de ingestão de ciliados por *Calanus sinicus* (± SD) em função da concentração de carbono de ciliados (± SD): primavera ( o) e outono (□); e (B) relação entre a eficiência bruta de crescimento (GGE) e a percentagem de carbono de ciliados na dieta das fêmeas

nas diferentes estações (exceto estação A1) inspring.

A tabela II mostra o índice de seletividade de *C. sinicus* que se alimenta de três itens alimentares principais. As fêmeas de *C. sinicus* ingeriram preferencialmente ciliados em quase todas as estações. Nas estações B, D1 e H, a contribuição dos dinoflagelados para a biomassa total de microplâncton foi elevada (41%, 66% e 39%, respetivamente), mas *C. sinicus* ingeriu diatomáceas e ciliados, que foram menos abundantes. As fêmeas de *C. sinicus* ingeriram outros grupos de microplâncton preferencialmente em vez de diatomáceas nas estações F, A2 e C2, devido à abundância relativamente baixa de diatomáceas presentes. Durante a primavera, na estação E, onde as diatomáceas contribuíram com a maior proporção de microplâncton (63%), *C. sinicus* alimentou-se seletivamente de dinoflagelados e ciliados.

**Tabela II. Índice seletivo de *Calanus sinicus* que se alimenta de três itens alimentares principais em diferentes estações na primavera e no outono.**

| Time | Station | Selective index | | |
|---|---|---|---|---|
| | | Diatoms | Dinoflagellates | Ciliates |
| 11-29th | A1 | -0.02 | 0.19 | 0.23 |
| Apr | B | 0.15 | -0.53 | 0.29 |
| 2006 | C1 | 0.06 | -0.16 | 0.34 |
| | D1 | 0.19 | -0.32 | 0.51 |
| | E | -0.61 | 0.06 | 0.43 |
| | F | -1.00 | 0.02 | 0.13 |
| 17th Oct | A2 | -1.00 | 0.18 | -0.05 |
| - | G | 0.21 | -0.19 | 0.19 |
| 3th Nov | C2 | -1.00 | -0.13 | 0.51 |
| 2006 | D2 | -0.10 | -0.07 | 0.25 |
| | H | 0.12 | -0.40 | 0.25 |

### *1.1.5* Orçamento de carbono de *C. sinicus*

A ingestão diária foi de 9,2-13,0% do carbono corporal nas estações A1, B, C1 e D1, o que cobriu facilmente as necessidades respiratórias e forneceu um volume substancial de carbono para a reprodução (Quadro III). Para *C. sinicus* na estação E, a ingestão de microplâncton quase equilibrou as necessidades respiratórias (93%), mas não forneceu nada para a reprodução. Para *C.*

*sinicus* noutras estações, apenas 6-53% das necessidades respiratórias foram satisfeitas e, por conseguinte, ainda havia um défice, equivalente a 4,6-5,7% do C corporal, em carbono para a reprodução.

**Tabela III. Peso seco (± DP ), peso dos ovos (± DP ), taxa de produção de ovos (± DP ) e eficiência bruta de crescimento de *Calanus sinicus* em diferentes estações na primavera e no outono.**

| Time | Station | Dry weight[a] | Egg weight | Egg production rate | | Gross growth[b] |
|---|---|---|---|---|---|---|
| | | (μgC female$^{-1}$) | (μgC egg$^{-1}$) | (eggs d$^{-1}$) | (μgC d$^{-1}$) | efficiency (%) |
| 11-29th | A1 | 87.0 (10.4) | 0.35 (0.05) | 3.96 (5.08) | 1.40 (1.79) | 12.4 |
| Apr | B | 109.9 (5.6) | 0.31 (0.03) | 12.6 (7.25) | 3.89 (2.24) | 38.7 |
| 2006 | C1 | 98.8 (7.8) | 0.30 (0.02) | 2.24 (5.01) | 0.68 (1.51) | 5.9 |
| | D1 | 88.7 (3.1) | - | - | - | - |
| | E | 103.2 (8.1) | 0.37 (0.01) | 0.16 (0.36) | 0.06 (0.13) | 2.9 |
| | F | 91.9 (4.6) | 0.39 (0.03) | 0.96 (0.70) | 0.38 (0.26) | 7.2 |
| 17th Oct | A2 | 82.5 (2.8) | - | - | - | - |
| - | G | 77.9 (2.4) | - | - | - | - |
| 3th Nov | C2 | 75.6 (3.6) | - | - | - | - |
| 2006 | D2 | 73.1 (1.0) | - | - | - | - |
| | H | 76.1 (1.6) | 0.30 (0.02) | 11.4 (5.01) | 3.42 (1.50) | 92.4 |

[a] O peso seco das fêmeas é dado em termos de teor de carbono.

[b] A eficiência bruta de crescimento (%) foi calculada como a taxa de produção de ovos (EPR)/taxa de ingestão × 100.

### 1.1.6 Produção de ovos e sua relação com a ingestão de ciliados

Durante a primavera, exceto na estação D1 (sem ovos), as taxas médias de produção de ovos de *C. sinicus* variaram entre 0,16 e 12,6 ovos fêmea$^{-1}$ d$^{-1}$, e durante o outono, exceto na estação H (11,4 ovos fêmea$^{-1}$ d$^{-1}$), não se observou qualquer comportamento reprodutor de *C. sinicus* ao longo de 24 h de incubação (Tabela I). Na primavera, o teor médio de C das fêmeas *de C. sinicus* na estação B1 foi de 109,9 ± 5,6 μg C, significativamente superior ao das estações A1 e D1 ($p < 0,05$), mas não estatisticamente diferente do das estações C1, E e F. Os teores médios de C das fêmeas *de C. sinicus* nas estações experimentais durante o outono não foram estatisticamente diferentes entre si, mas foram significativamente inferiores aos valores da primavera (Tabela III, $p < 0,01$). O teor de C dos ovos foi significativamente mais elevado nas estações A1, E e F do que nas estações B e C1 (Quadro III, $p < 0,01$).

De um modo geral, não existiu uma relação significativa entre a EPR e o total de carbono ingerido de microplâncton, diatomáceas e dinoflagelados, ao passo que se verificou uma correlação quase positiva ($p = 0,053$) entre a EPR e o total de ciliados ingeridos em todas as estações. A estimativa da eficiência bruta de crescimento (i.e., GGE = EPR/taxa de ingestão × 100) variou entre 3% e 39% (média = 13,4%) na primavera e 92% na estação H no outono. Na primavera, existiu uma relação positiva entre o EGG e a percentagem de ciliados na dieta (exceto na estação A1, que tinha uma baixa concentração inicial de carbono de ciliados) (Fig. 6B), indicando que os ciliados tinham uma qualidade nutricional mais elevada para *C. sinicus* do que os outros componentes do microplâncton. O elevado GGE na estação H no outono pode ter resultado da baixa taxa de ingestão de microplâncton, o que indica que *C. sinicus* deve ingerir outros recursos alimentares (por exemplo, náuplios e copepoditos de copépodes e pequenos copépodes) que não foram examinados no presente estudo.

## 4.5 Discussão

### 4.5.1 Ingestão e seleção de alimentos

A diminuição média da concentração total de C das presas foi de 38-46% após 24 horas de incubação nas estações A1, B e C1, o que é semelhante à diminuição de *cerca de* 30-40% necessária para produzir uma diferença significativa entre as contagens de células de garrafas de pasto e de controlo em experiências de incubação (Gifford, 1993; Bamstedt et al. 30-40% necessária para produzir uma diferença significativa entre as contagens de células de garrafas de pasto e de controlo em experiências de incubação (Gifford, 1993; Bamstedt *et al.*, 2000). Para *C. sinicus* noutras estações, a ingestão de microplâncton foi reduzida ou mesmo negativa no intervalo de 12-24 horas, em comparação com o intervalo das primeiras 12 horas (Fig. 5). Uma explicação possível é que as concentrações iniciais de microplâncton eram baixas e que a predação foi tão intensa que as reservas de presas se tornaram muito diluídas após 12 h nestas incubações; esta explicação é coerente com uma resposta funcional de alimentação sub-limiar (Frost, 1975; Landry e Lehner-Fournier, 1988; Zeldis *et al.*, 2002). A densidade de *C. sinicus* nos frascos pode ter conduzido a outro desvio experimental. A biomassa de *C. sinicus* incubada por garrafa (714-952 µg C $L^{-1}$) nestas estações foi suficiente para limpar os 1,3 L de água do mar em quase 70% durante as experiências, com base nas taxas máximas de limpeza na estação C1 (dados não mostrados). Assim, as taxas de ingestão determinadas para o fitoplâncton e ciliados com base nos resultados da incubação de 24 h podem estar muito subestimadas nestas estações devido à depleção de presas. Por conseguinte, as taxas de ingestão de 0-12 h são consideradas representações mais exactas das verdadeiras taxas de ingestão de microplâncton nestas estações.

A relação linear entre as taxas de ingestão e o stock de microplâncton para todo o conjunto de dados indica que existe um comportamento alimentar não saturado de *C. sinicus* (Irigoien *et al.*, 2000; Dam e Lopes, 2003). Durante a primavera, nas quatro estações do Norte, a ração diária *(R) de C. sinicus* foi de 9,2-13,0% do C corporal $d^{-1}$, enquanto que a *R* foi de 2,0 e 5,8% do C corporal $d^{-1}$ nas duas estações do Sul (E e F, respetivamente). Durante o outono, em quatro estações dentro da área de YSCBW (Wang e Zuo, 2004), o *R* foi apenas 0,3-0,7% do C corporal $d^{-1}$, o que é consistente com os dados relatados por Li *et al.* (2004) para o verão. Na estação H, localizada na zona frontal e com uma concentração de Chl *a* relativamente elevada, o *R* foi de 4,9% do C corporal $d^{-1}$. Com base nestes resultados, concluímos que *C. sinicus* está num modo de alimentação ativa na parte norte do Mar Amarelo na primavera e num modo de alimentação quiescente dentro da área YSCBW no outono.

A presença de diatomáceas, dinoflagelados, ciliados e outros grupos de nanoplâncton na dieta é indicativa do carácter omnívoro da alimentação de *C. sinicus*, o que é consistente com os resultados de vários estudos anteriores (Yang, 1997; Zhang *et al.*, 2006). O exame do conteúdo intestinal (Yang, 1997) e o método dos pigmentos intestinais (Zhang *et al.*, 2006) podem, no entanto, subestimar substancialmente as taxas de ingestão e influenciar as estimativas da seletividade das presas. As diferentes metodologias impedem uma comparação detalhada entre estudos sobre a ingestão e a seleção de alimentos. No presente estudo, os tamanhos das partículas de diatomáceas, dinoflagelados e ciliados variaram de *cerca de* 6 a 53 µm, e *o C. sinicus* conseguiu capturá-los eficientemente. Os outros três itens de nanoplâncton foram representados por células pequenas (por exemplo, *Chromulina* sp. 3,3 µm, *Isochrysis* sp. 3,7 µm, *Chroomonas* sp. 2,7 µm, e *Cryptomonas* sp. 3,6 µm) e provavelmente não foram capturados de forma eficiente (Paffenhofer, 1988; Kleppel *et al*, 1998). O índice seletivo para ciliados, bem como a relação entre as taxas de ingestão de ciliados e as concentrações iniciais de ciliados, indicaram que *C. sinicus* preferia claramente os ciliados ao fitoplâncton, o que é consistente com os dados de vários estudos anteriores (Zeldis *et al.*, 2002;

Castellani *et al.*, 2005). *L. strobila, Strombidium* sp. e *M. nobrum*, as espécies dominantes de ciliados nestas experiências, são também preferencialmente ingeridas por outras espécies de copépodes (Nejstgaard *et al.*, 2001; Liu *et al.*, 2005; Castellani *et al.*, 2005).

Embora os dinoflagelados tenham sido os que mais contribuíram para a biomassa de microplâncton, os índices de seletividade indicaram que *C. sinicus* discriminou este item de presa nas estações B, D1 e H. *Gonyaulax* sp., *P. minimum* e *Gyrodinium* spp. foram as espécies dominantes nestas estações, contribuindo com 66%, 83% e 82% da biomassa de dinoflagelados, respetivamente. A falta de alimentação destas espécies por *C. sinicus* pode indicar que estas são nutricionalmente insuficientes ou tóxicas (Delgado *et al.*, 1999; Albuquerque *et al.*, 2005; Dam *et al.*, 2005). No entanto, *Calanus helgolandicus* e *Temora stylifera* apresentaram uma elevada produção de ovos e taxas de eclosão quando alimentados com *P. minimum* em comparação com diatomáceas (Laabir *et al.*, 1999; Turner *et al.*, 2001; Poulet *et al.*, 2007). Estes resultados sugerem que as interações alimentares entre copépodes e dinoflagelados podem ser específicas de cada espécie. Os copépodes podem também diversificar a sua dieta em função das condições, com índices de seletividade mais elevados para diatomáceas ou ciliados quando os dinoflagelados são dominantes, como já foi estabelecido por Kleppel (1993). As baixas taxas de ingestão de diatomáceas nas estações F, A2 e C2 podem ter sido devidas à sua menor biomassa (0,73, 0,41 e 0,16 mg C $m^{-3}$, respetivamente) em comparação com outros itens. A alimentação estatisticamente negativa na estação F indicou a ocorrência de um efeito de cascata neste local: à medida que as incubações prosseguiam, o crescimento das diatomáceas nos tratamentos era superior ao crescimento das diatomáceas nos controlos, porque as diatomáceas nos tratamentos eram libertadas da pressão de pastoreio dos ciliados à medida que estes eram consumidos por *C. sinicus*, tal como indicado por Nejstgaard *et al.* (2001) e Zeldis *et al.* (2002). Na estação E, *C. sinicus* ingeriu preferencialmente dinoflagelados e ciliados em vez de diatomáceas, apesar de as diatomáceas representarem 63% da biomassa de microplâncton, o que também realça a importância da diversidade na dieta. As diatomáceas contêm quantidades abundantes de ácido eicosapentaenóico (EPA), mas o teor de ácido docosahexaenóico (DHA) é inferior ao dos dinoflagelados (Sargent *et al.*, 1987 e referências; Brown *et al.*, 1997), e alguns aminoácidos podem ser escassos ou inexistentes (Kleppel, 1993). Bonnet e Carlotti (2001) relataram que a taxa de crescimento específico diário para *Centropages typicus* foi significativamente menor quando pastou em *Thalassiosira weissfloggi*, um espécies cosmopolitas de diatomáceas, em comparação com dietas compostas por outros taxa. Assim, uma dieta diversificada pode aumentar a probabilidade de os copépodes obterem uma ração nutricionalmente completa (Kleppel, 1993).

### 4.5.2 Orçamento de carbono

Na primavera, a ingestão diária de microplâncton por *C. sinicus* nas estações A1, B, C1 e D1 cobriu facilmente as necessidades respiratórias e forneceu carbono substancial para a produção, mas a ingestão diária de carbono nas estações E, F e no outono na estação H não conseguiu satisfazer as necessidades metabólicas dos copépodes, e muito menos adquirir carbono para a produção. No entanto, as experiências de produção de ovos mostraram que foram produzidos 0,2, 1,0 e 11,4 ovos por fêmea nestas três estações, respetivamente. Este resultado contraditório sugere que outros recursos alimentares podem ser muito importantes para *C. sinicus* para manter a reprodução. Os ovos e os náuplios de copépodes são recursos alimentares muito importantes para os copépodes adultos, e a sua ingestão pode representar *cerca* de 20% da produção diária total de ovos (Kang e Poulet, 2000; Harris *et al.* 2007). Zeldis *et al.* (2002) relataram que o fluxo total de carbono para a fração de tamanho grande dos copépodes, proveniente de pequenos copépodes ciclopóides e calanóides, era de cerca de 30 mg C $m^{-2}$ $d^{-1}$ na Zona Frontal Subtropical da Nova Zelândia, o que excedia facilmente as necessidades diárias de crescimento dos copépodes grandes. Uma grande abundância de *C. sinicus* nauplli foi observada nas estações E, F e H (12,775, 3575 e 38,500 ind. $m^{-2}$, respetivamente). Se os ovos e os náuplios de outros copépodes e de pequenos copépodes (principalmente 200-500 μm) fossem também considerados, *C. sinicus* poderia satisfazer as suas necessidades respiratórias e reprodutivas alimentando-se destes recursos alimentares.

Durante o outono, nas estações A2, G, C2 e D2, a ração diária de carbono foi de apenas 0,3-0,7% do C corporal $d^{-1}$, indicando que houve grandes défices entre o carbono ingerido e o carbono necessário para a respiração e reprodução. Estas quatro estações estavam localizadas dentro da área de YSCBW, onde as baixas temperaturas e concentrações de alimento (Fig. 2) causaram a suspensão do desenvolvimento de *C. sinicus* e o CV dominou as populações (Fig. 4). Esta constatação é consistente com os resultados de estudos anteriores que mostram que *C. sinicus* permaneceu em quiescência no outono (Li *et al.*, 2004; Pu *et al.*, 2004a).

### 4.5.3 EPR e GGE

O EPR médio foi de 3,98 (0-12,6) ovos fêmea$^{-1}$ d$^{-1}$ durante o mês de abril, o que se situou dentro do âmbito dos EPRs médios mensais relatados por Zhang *et al.* (2005), enquanto os ovos só foram produzidos numa estação experimental durante o outono. A EPR de *C. sinicus* foi quase significativamente correlacionada com o total de ciliados ingeridos, mas não com o total de carbono microplanctónico. O GGE de *C. sinicus* também foi positivamente correlacionado com a proporção de ciliados na dieta. Estes resultados sugerem que, para *C. sinicus*, os ciliados fornecem uma melhor nutrição do que outras partículas alimentares (Kleppel, 1993) e resultam numa maior produção de ovos (Kleppel *et al.*, 1991). Esta observação está de acordo com os resultados de vários outros estudos (Bonnet e Carlotti, 2001; Zeldis *et al.*, 2002; Arendt *et al.*, 2005; Castellani *et al.*, 2005). Stoecker e Capuzzo (1990) analisaram que os protozoários contêm grandes quantidades de nutrientes essenciais, especialmente ácidos gordos polinsaturados (por exemplo, EPA e DHA), esteróis e aminoácidos. No entanto, os resultados do presente estudo contrastam com os resultados de Jonasdottir *et al.* (1995), Dam e Lopes (2003) e Broglio *et al.* (2003), que não encontraram provas da superioridade nutricional dos ciliados em relação ao fitoplâncton. *O Strombidium sulcatum*, um congénere da espécie dominante *Strombidium* sp. no presente estudo, não foi considerado nutricionalmente superior para os copépodes (Broglio *et al.*, 2003) e não foram encontradas provas de um melhoramento trófico da qualidade dos alimentos por *S. sulcatum* cultivado utilizando bactérias ou a alga verde *Dunaliella* sp. como fonte de alimento (Klein Breteler *et al.*, 2004). No entanto, no presente estudo e noutros (Nejstgaard *et al.*, 2001; Liu *et al.*, 2005; Castellani *et al.*, 2005), os copépodes ingeriram-no a taxas elevadas e a qualidade nutricional elevada e a melhoria trófica da qualidade alimentar por *Strombidium* sp. pode ter ocorrido quando alimentado com diferentes taxa de fitoplâncton (Tang e Taal, 2005). Os outros ciliados dominantes também foram ingeridos por *C. sinicus* a taxas elevadas, como também observado por Nejstgaard *et al.* (2001), indicando que estas espécies de ciliados podem conter quantidades elevadas de nutrientes essenciais. No entanto, o GGE médio (13,4%, intervalo = 3-39%) estimado no presente estudo na primavera é inferior ao valor frequentemente utilizado de 30% (Ikeda e Motoda, 1978) e aos valores médio e mediano para copépodes de 26% e 22% (Straile, 1997). O GGE relativamente baixo no presente estudo pode ter resultado da baixa produção de ovos que pode ter sido afetada pela composição nutricional das dietas de *C. sinicus*. As dietas podem ser nutricionalmente inadequadas para suportar taxas elevadas de produção de ovos; isto é, as dietas não tinham, ou tinham concentrações insuficientes de nutrientes específicos essenciais, tais como esteróis e ácidos gordos polinsaturados, para a produção de ovos (Dam e Lopes, 2003). Além disso, a baixa produção de ovos pode ser devida a concentrações insuficientes de azoto nas dietas, como indicado por Tang e Dam (1999) e Dam e Lopes (2003).

## 4.6 Conclusão

Os resultados deste estudo mostraram que, na primavera, a ração diária de microplâncton ingerida por *C. sinicus* pode facilmente cobrir as suas necessidades metabólicas e de produção básicas na parte norte do Mar Amarelo, enquanto que *C. sinicus* na parte sul tem de consumir fontes de alimento alternativas para sustentar as suas necessidades respiratórias e de produção. As baixas taxas de alimentação e de produção de ovos e a dominância do CV na população indicam que *C. sinicus* se encontrava em quiescência na zona YSCBW no outono. Os ciliados têm qualidades nutricionais mais elevadas e foram seletivamente removidos por *C. sinicus*, mas o baixo GGE que resultou da baixa produção de ovos pode dever-se a concentrações insuficientes de nutrientes específicos nas dietas. Será necessária investigação futura para elucidar o papel de fontes alimentares alternativas na dieta de *C. sinicus* e para descobrir quais os factores nutricionais que determinam a variabilidade sazonal na fecundidade e viabilidade dos ovos de *C. sinicus* no Mar Amarelo.

## 4.7 Referências


Albuquerque, R. A., da Costa, M., Koening, M. L. e Pereira, L. C. C. (2005) Alimentação de adultos de *Artemia salina* (Crustacea-Branchiopoda) no dinoflagelado *Gyrodinium corsicum* (Gymnodiniales) e na Chryptophyta *Rhodomonas baltica. Arquivo Brasileiro. Biol. Biol.,* **48**, 581-587.

Arendt, K. E., Jonasdottir, S. H. e Hansen, P. J. (2005) Effects of dietary fatty acids on the reproductive success of the calanoid copepod *Temora longicornis. Mar.*

*Biol.,* **146**, 513-530.

Bamstedt, U., Gifford, D. J., Irigoien, X., Atkinson, A. e Roman, M. (2000) Feeding. Em Harris, R. P., Wiebe, P. H., Lenz, J., Skjoldal, H. R. e Huntley, M. (eds), *ICES zooplankton methodology manual*. Academic Press, Londres, pp. 297-399.

Bonnet, D. e Carlotti, F. (2001) Desenvolvimento e produção de ovos em *Centropages typicus* (Copepoda: Calanoida) alimentados com diferentes tipos de alimentos: um estudo de laboratório. *Mar. Ecol. Prog. Ser.*, **224**, 133-148.

Bradford-Grieve, J., Boyd, P. W., Chang, F. H., Chiswell, S., Hadfield, M., Hall, J. A., James, M. R., Nodder, S. D. e Shushkina, E. A. (1999) Pelagic ecosystem structure and functioning in the Subtropical Front region east of New Zealand in austral winter and spring 1993. *J. Plankton Res.*, **21**, 405-428.

Broglio, E., Jonasdottir, S. H., Calbet, A., Jakobsen, H. H. e Saiz, E. (2003) Efeito do alimento heterotrófico versus autotrófico na alimentação e reprodução do copépode calanóide *Acartia tonsa*: relação com a composição de ácidos gordos da presa. *Aquat. Microb. Ecol.*, **31**, 267-278.

Brown, M. R., Jeffrey, S. W., Volkman, J. K. e Dunstan, G. A. (1997) Nutritional properties of microalgae for mariculture. *Aquaculture*, **151**, 315-331.

Calbet, A. e Landry, M. R. (1999) Influências do mesozooplâncton na rede alimentar microbiana: Interações tróficas diretas e indirectas no oceano aberto oligotrófico. *Limnol. Oceanogr.*, **44**, 1370-1380.

Castellani, C., Irigoien, X., Harris, R. P. e Lampitt, R. S. (2005) Alimentação e produção de ovos de *Oithona similis* no Atlântico Norte. *Mar. Ecol. Prog. Ser.*, **288**, 173-182.

Chen, Q. C. (1964) Estudo sobre a reprodução, a proporção entre os sexos e o tamanho do corpo de *Calanus sinicus*. *Oceanol. Limnol. Sin.*, **6**, 272-287 (em chinês).

Cotonnec, G., Brunet, C., Sautour, B. e Thoumelin, G. (2001) Nutritive value and selection of food particles by copepods during a spring bloom of *Phaeocystis* sp. In the English Channel, as determined by pigment and fatty acids analyses. *J. Plankton Res.*, **23**, 693-703.

Dam, H. G. e Colin, S. P. (2005) *Prorocentrum minimum* (clone Exuv) é nutricionalmente insuficiente, mas não tóxico para o copépode *Acartia tonsa*. *Harmful Algae, **4**,* 575-584.

Dam, H. G. e Lopes, R. M. (2003) Omnivoria no copépode calanóide *Temora longicornis*: alimentação, produção de ovos e taxas de eclosão dos ovos. *J. Exp. Mar. Biol. Ecol.*, **292**, 119-137.

Delgado, M. e Alcaraz, M. (1999) Interações entre microalgas da maré vermelha e zooplâncton herbívoro: os efeitos nocivos de *Gyrodinium corsicum* (Dinophyceae) sobre *Acartia grani* (Copepoda: Calanoida). *J. Plankton Res.*, **21**, 2361-2371.

Frost, B. W. (1972) Effects of size and concentration of food particles on the feeding behavior of the marine planktonic copepod *Calanus pacificus*. *Limnol. Oceanogr.*, **17**, 805-815.

Frost, B. W. (1975) Um comportamento alimentar limiar em *Calanus pacificus*. *Limnol. Oceanogr.*, **20**, 263-266.

Gifford, D. J. (1993) Consumption of protozoa by copepods feeding on natural microplankton assemblages. Em Kemp, P. F., Sherr, B. F., Sherr, E. B. e Cole, J. J. (eds), *Handboook of methods in aquatic microbial ecology*. Lewis Publishers, Boca Raton, FL, pp. 723-729.

Harris, R., Bonnet, D., Hirst, A. e Irigoien, X. (2007) Understanding the role of *Calanus* nauplii in the ecosustem dynamics of the North Atlantic. Globec International Newsletter, **13**, 13-14.

Huntley, M. and Lopez, M. D. G. (1992) Temperature dependent growth production of marine copepods: a global synthesis. *Am. Nat.*, **140**, 201-242.

Ikeda, T. (1985) Metabolic rates of epipelagic marine zooplankton as a function of body mass and temperature. *Mar. Biol.*, **85**, 1-11.

Ikeda, T. and Motoda, S. (1978) Estimated zooplankton production and their ammonia excretion in the Kuroshio and adjacent seas. *Fish. B.*, **76**, 357-367.

Irigoien, X., Head, R. N., Harris, R. P., Cummings, D. e Harbour, D. (2000)

Seletividade alimentar e produção de ovos de *Calanus helgolandicus* no mar Canal. *Limnol. Oceanogr.*, **45**, 44-54.

Ivlev, V. S. (1961) *Experimental ecology of the feeding of fishes*. Yale University Press, New Haven.

Jonasdottir, S. H., Fields, D. e Pantoja, S. (1995) Copepod egg production in Long Island Sound, USA, as a function of the chemical composition of seston. *Mar. Ecol. Prog. Ser.*, **119**, 87-98.

Kang, H. K. and Poulet, S. A. (2000) Reproductive success in *Calanus helgolandicus* as a function of diet and egg cannibalism. *Mar. Ecol. Prog. Ser.*, **201**, 241-250.

KiOrboe, T., Mohlenberg, F. e Hamburger, K. (1985) Bioenergética do copépode planctónico *Acartia tonsa*: relação entre alimentação, produção de ovos e respiração, e composição da ação dinâmica específica. *Mar. Ecol. Prog. Ser.*, **26**, 85-97.

Klein Breteler, W. C. M., Koski, M. e Rampen, S. (2004) Role of essential lipids in copepod nutrition: no evidence for trophic upgrading of food quality by a marine ciliate. *Mar. Ecol. Prog. Ser.*, **274**, 199-208.

Klein Breteler, W. C. M., Schogt, N., Baas, M., Schouten, S. e Kraay, G. W. (1999) Melhoria trófica da qualidade dos alimentos por protozoários que aumentam o crescimento dos copépodes: papel dos lípidos essenciais. *Mar. Biol.*, **135**, 191-198.

Kleppel, G. S. (1993) On the diets of calanoid copepods. *Mar. Ecol. Prog. Ser.*, **99**, 183-195.

Kleppel, G. S., Burkart, C. A., Carter, K. e Tomas, C. (1996) Dietas de copépodes calanóides na plataforma continental da Flórida Ocidental: relações entre concentração alimentar, composição alimentar e atividade alimentar. *Mar. Biol.*, **127**, 209-217.

Kleppel, G. S., Burkart, C. A., Houchin, L. e Tomas, C. (1998) Produção de ovos do copépode *Acartia tonsa* na Baía da Florida durante o verão. 1. O papel do ambiente alimentar e da dieta. *Estuários*, **21**, 328-339.

Kleppel, G. S., Holliday, D. V. e Pieper, R. E. (1991) Trophic interactions between copepods and microplankton: a question about the role of diatoms. *Limnol. Oceanogr.*, **36**, 172-178.

Laabir, M., Poulet, S. A., Cueff, A. e Ianora, A. (1999) Effect of diet on levels of amino acids during embryonic and naupliar development of the copepod *Calanus helgolandicus*. *Mar. Biol.*, **134**, 187-199.

Landry, M. R. e Hassett, R. P. (1982) Estimating the grazing impact of marine microzooplankton. *Mar. Biol.*, **67**, 283-288.

Landry, M. R., Hassett, R. P., Fargerness, V., Downs, J. e Lorenzen, C. J. (1984) Effect of food acclimation on assimilation efficiency of *Calanus pacificus*. *Limnol. Oceanogr.*, **26**, 361-364.

Landry, M. R. e Lehner-Fournier, J. M. (1988) Grazing rates and behavior of *Neocalanus plumchrus*: implications for phytoplankton control in the subarctic Pacific. *Hydrobiologia*, **167/168**, 9-19.

Li, C. L., Sun, S., Wang, R. e Wang, X. (2004) Taxas de alimentação e de respiração de um copépode planctónico (*Calanus sinicus*) durante o verão em águas de fundo frio do Mar Amarelo. *Mari. Biol.*, **145**, 149-157.

Li, C. L., Wang, R., Zhang, F. e Wang, X. G. (2002) Um estudo sobre o pastoreio de copépodes planctónicos no Mar Amarelo e no Mar da China Oriental II. Taxa de ingestão e impacto do pastoreio. *Oceanol. Limnol. Sin.*, edição especial, 111-119 (em chinês).

Liu, H. B., Dagg, M. J., Wu, C. J. e Chiang, K. P. (2005) Consumo de microplâncton pelo mesozooplâncton na pluma do rio Mississippi, com especial ênfase nos ciliados planctónicos. *Mar. Ecol. Prog. Ser.*, **286**, 133-144.

Menden-Deuer, S. e Lessard, E. J. (2000) Carbon to volume relationship for dinoflagellates, diatoms, and other protest plankton. *Limnol. Oceanogr.*, **45**, 569579.

Mullin, M. M. (1969) Production of zooplankton in the ocean: the present status and problems. *Oceanogr. Mar. Bio. Ann. Rev.*, **7**, 293-310.

Nejstgaard, J. C., Naustvoll, L. J. e Sazhin, A. (2001) Correção da subestimação do pastoreio do microzooplâncton em experiências de incubação em garrafa com mesozooplâncton. *Mar. Ecol. Prog. Ser.*, **221**, 59-75.

Paffeenhofer, G. A. (1988) Feeding rates and behavior of zooplankton. *B. Mar. Sci.,* **43**, 430-445.

Parsons, T. R., Maita, Y. e Lalli, G. M. (1984) *A manual of chemical and biological methods for seawater analysis*. Pergamon Press, pp. 101-122.

Poulet, S. A., Cueff, A., Wichard, T., Marchetti, J., Dancie, C. e Pohnert, G. (2007) Influence of diatoms on copepod reproduction. III. Consequências da maturação anormal dos oócitos nos factores reprodutivos de *Calanus helgolandicus*. *Mar. Biol.*, **152**, 415-428.

Pu, X. M., Sun, S., Yang, B., Zhang, G. T. e Zhang, F. (2004a) Estratégias de história de vida de *Calanus sinicus* no Sul do Mar Amarelo no verão. *J. Plankton Res.*, **26**, 1059-1068.

Pu, X. M., Sun, S., Yang, B., Zhang, G. T. e Zhang, F. (2004b) Os efeitos combinados da temperatura e da oferta de alimentos em *Calanus sinicus* no Sul do Mar Amarelo no verão. *J. Plankton Res.*, **26**, 1049-1057.

Putt, M. and Stoecker, D. K. (1989) An experimentally determined carbon: volume ratio for marine -oligotrichousll ciliates from estuarine and coastal water. *Limnol. Oceanogr.*, **34**, 1097-1103.

Satapoomin, S., Nielsen, T. G. and Hansen, P. J. (2004) Andaman Sea copepods: spatiao-temporal variations in biomass and production, and role in the pelagic food web. *Mar. Ecol. Prog. Ser.*, **274**, 99-122.

Sargent, J. R., Parkes, R. J., Mueller-Harvey, J. e Henderson, R. J. (1987) Lipid biomarkers in marine ecology. Em Sleigh, M. A. (eds), *Microbes in the sea.* Ellis Horwood Ltd, Chichester, pp. 119-138.

Stoecker, D. K. e Capuzzo, J. M. (1990) Predation on protozoa: importance to zooplankton. *J. Plankton Res.*, **12**, 891-908.

Straile, D. (1997) Gross-growth efficiencies of protozoan and metazoan zooplankton and their dependence on food concentration, predator-prey weight ratio and taxonomic group. *Limnol. Oceanogr.*, **42**, 1375-1385.

Strathmann, R.R. (1967) Estimating the organic carbon content of phytoplankton from cell volume. *Limnol. Oceanogr.*, **12**, 411-418.

Sun, S., Wang, R., Zhang, G. T., Yang, B., Ji, P. e Zhang, F. (2002) Um estudo preliminar sobre a estratégia de verão de *Calanus sinicus* no Mar Amarelo. *Oceanol. Limnol. Sin.*, edição especial, 92-99 (em chinês).

Tang, K. W. and Taal, M. (2005) Trophic modification of food quality by heterotrophic protists species-specific effects on copepod egg production and egg hatching. *J. Exp. Mar. Biol. Ecol.*, **318**, 85-98.

Turner, J. T., Ianora, A., Miralto, A., Laabir, M. e Esposito, F. (2001) Decoupling of copepod grazing rates, fecundity and egg hatching success on mixed and alternating diatom and dinoflagellate diets. *Mar. Ecol. Prog. Ser.*, **220**, 187-199.

Uye, S. I. e Murase, A. (1997) Relação entre as taxas de produção de ovos do copépode planctónico

*Calanus sinicus* e a disponibilidade de fitoplâncton no mar interior do Japão. *Plankton Biol. Ecol.*, **44**, 3-11.

Verity, P. G. and Langdon, C. (1984) Relationship between lorica volume, carbon, nitrogen, and ATP content of tintinnids in Narragansett Bay. *J. Plankton Res.*, **6**, 859-868.

Verity, P. G. e Smetacek, V. (1996) Organism life cycles, predation, and the structure of marine pelagic ecosystems. *Mar. Ecol. Prog. Ser.*, **130**, 277-293.

Wang, R. and Zuo, T. (2004) The Yellow Sea Warm Current and the Yellow Sea Cold Bottom Water, their impact on the distribution of zooplankton in the Southern Yellow Sea. *J. Soc. Oceanogr. Korean*, **39**, 1-13.

Wang, R., Zuo, T. e Wang, K. (2003) A água fria de fundo do Mar Amarelo - um local de sobreaquecimento para *Calanus sinicus* (Copepoda, Crustacea). *J. Plankton Res.*, **25**, 169-185.

Yang, J. M. (1997) Estudo primário sobre a alimentação do *Calanus sinicus* do mar de Bohai. *Oceanol. Limnol. Sin.*, **28**, 376-382 (em chinês).

Zeldis, J., James, M. R., Grieve, J. e Richards, L. (2002) Omnivory by copepods in the New Zealand Subtropical Frontal Zone. *J. Plankton Res.*, **24**, 9-23.

Zhang, G. T., Li, C. L., Sun, S., Zhang, H. Y., Sun, J. e Ning, X. R. (2006) Hábitos alimentares de *Calanus sinicus* (Crustacea: Copepoda) durante a primavera e o outono no Mar de Bohai estudados com o índice herbívoro. *Sci. Mar.*, **70**, 381-388.

Zhang, G., T., Sun, S. e Zhang, F. (2005) Variação sazonal das taxas de reprodução e do tamanho do corpo de *Calanus sinicus* no Sul do Mar Amarelo, China. *J. Plankton Res.*, **27**, 135-143.

Zhang, W. C., Li, H. B., Xiao, T., Zhang, J., Li, C. L. e Sun, S. (2006) Impacto do microzooplâncton e dos copépodes no crescimento do fitoplâncton no Mar Amarelo e no Mar da China Oriental. *Hydrobiologia, **553**,* 357-366.

# CAPÍTULO 5

## 5. Investigação sobre a biomassa, a produção e a alimentação dos cetáceos no mar Amarelo

Chaetognaths é um grupo de zooplâncton carnívoro gelatinoso, que parece estar oportunamente posicionado para utilizar a produção secundária que é normalmente consumida pelos peixes. Para além disso, o grupo dos chaetognaths é também um recurso alimentar para os peixes. *Sagitta crassa, S. nagae, S. enflata* e *S. bedoti* foram as espécies dominantes do grupo dos chaetognatos no Mar Amarelo. A produção destas quatro espécies, bem como o seu impacto alimentar na produção secundária de zooplâncton, foram estimados no mar Amarelo. Os resultados mostraram que a biomassa e a taxa de produção estimada dos chaetognatos se situavam entre 98-217 mg $m^{-2}$ e 1,22-2,36 mg C $m^{-2}$ $d^{-1}$. A proporção da biomassa de chaetognatos foi de 6,35-14,47% da biomassa de zooplâncton, enquanto a taxa de produção de chaetognatos foi de 2,54-6,04% da produção de zooplâncton no Mar Amarelo. *S. crassa* e *S. nagae* foram as espécies absolutamente dominantes, controlando a dinâmica da comunidade de chaetognatos. A taxa de alimentação dos chaetognatos variou de 4,24-8,18 mg C $m^{-2}d^{-1}$, e o impacto da alimentação na biomassa e na produção secundária de zooplâncton foi de 0,94% e 12,56%. No inverno, a biomassa e a produção de zooplâncton foram de apenas 0,4 g C $m^{-2}$ e 0,026 g C $m^{-2}d^{-1}$, enquanto o impacto da alimentação atingiu um pico de 1,4% e 20,94% no inverno. Por conseguinte, a estrutura da comunidade zooplanctónica pode ser significativamente afetada pelos chaetognatos no inverno. Com base na taxa de alimentação dos diferentes grupos de comprimento do corpo, podemos concluir que os chaetognatos se alimentam principalmente das espécies do grupo dos pequenos copépodes ao longo do ano. Para além dos pequenos copépodes, as espécies do grupo dos grandes copépodes, como *C. sinicus*, foram largamente alimentadas por chaetognahs. Como *C. sinicus* estava em diapausa, a comunidade de *C. sinicus* seria significativamente afetada pelos chaetognatos no verão.

Com base em dados de amostragem mensal numa estação na Baía de Jiaozhou, no Mar Amarelo, em 2006, estudou-se o ciclo de vida e a taxa de produção de *Sagitta crassa* e a taxa de alimentação do outro zooplâncton no sul do Mar Amarelo. Amostrámos *a S. crassa* rebocando-a com uma rede cónica de plâncton com uma malhagem de 500 μm verticalmente desde perto do fundo até à superfície. Em laboratório, as amostras foram contadas, o peso seco medido e a relação comprimento-peso construída. O ciclo de vida de *S. crassa* foi descrito na distribuição de frequência do comprimento do corpo. As relações da produção (*P*) e taxa de alimentação (*F*) com a taxa de repertório (*R*) foram regredidas por $P = 0,46\ R$ e $F = 1,6\ R$, onde *R* foi calculado em função do peso seco e da temperatura da água. Os resultados mostram que *S. crassa* tem cinco gerações na área de estudo: (1) geração de primavera (fev.-maio) com taxa de crescimento de 0,0066 $d^{-1}$; (2) geração de verão (jun.-ago.) com taxa de crescimento de 0,0038 $d^{-1}$; (3) geração de verão (jun.-set.Set.) com uma taxa de crescimento de 0,0090 $d^{-1}$; (4) geração verão-outono (Jul.-Nov.) com uma taxa de crescimento de 0,0152 $d^{-1}$; e (5) geração outono-primavera (Out.-maio) com uma taxa de crescimento de 0,0160 $d^{-1}$. A taxa de produção e a taxa de alimentação foram de 0,67 e 2,33 g C/($m^{(2)}$)·a), respetivamente. Os resultados indicam que a taxa de crescimento da geração verão-outono (Jul.-Nov.) e da geração outono-primavera (Out.-maio) foi significativamente mais elevada do que as outras. No sul do mar Amarelo, a taxa de produção de *S. crassa* foi muito inferior à das zonas adjacentes do mar Amarelo (como a baía de Tykyo, no Japão), enquanto a taxa de alimentação dos outros zooplânctons foi semelhante. Os resultados do presente estudo podem ajudar a construir modelos de dinâmica populacional de *S. crassa* e de grupos funcionais de zooplâncton no Mar Amarelo.

# Agradecimentos

Este estudo foi apoiado pelo MOST (PN: 2006CB400606), o NSFC (No. 40631008), o CAS (KZCX2-YW-213), o Projeto de Disciplinas de Primeira Classe das Universidades de Xangai, Nome da Disciplina: Ciências Marinhas (0707) e o Projeto de Disciplinas do Pico do Planalto das Universidades de Xangai (Ciências Marinhas 0707). Agradecemos também ao Dr. Zhang, F., Wang, S. W., Wang, M. X., Liu, M. T. e Wang, R. C. pela sua assistência nas experiências de campo.

# Índice

Printed by Books on Demand GmbH, Norderstedt / Germany